中华优秀传统艺术丛书

园　林

关锡汉 ⊙ 编著

吉林出版集团股份有限公司

前　　言

　　中国艺术，自古有之，它是中国文化成就的一部分，是更为精致的文化，是中华民族内蕴与气质的集中体现。它几千年来绵延不断，且多姿多彩，始终以各种审美形态占据着一个个时代的艺术巅峰。作为琳琅满目、门类繁多的珍品遗存，它至今仍以其独特的魅力和辉煌享誉世界。

　　在几千年的历史过程中，中华民族逐渐形成了独具特征的审美追求和艺术价值观。不论哪种艺术形式，最终所要表达的主要是一种审美的体验，一种高尚情操的宣泄。美是艺术的目的和推动力，而这种美最终要完成的是对人心灵的一种慰藉。艺者以心灵映射万象，也以万象言志。艺术孕育于社会，虽不能超越大自然，但会使大自然更美。

　　中国拥有悠久的历史、辽阔的地域、繁杂的社会形态，这些让中华艺术呈现多样化、多层次的历史发展轨迹，形象地记录了中华祖先高超的智慧和创造。它作为富有礼仪文化之邦的内涵，融合了中华多民族的艺术创造，同时也不断吸收外部世界的宝贵营养，并激发了自身机体的无限活力。

　　史前的彩陶，三代的青铜器皿，秦代的兵马俑，汉代的画像石砖，南北朝的石窟艺术，唐的佛塑与书法，宋元的山水画，元明清的建筑、说唱和戏曲，以及历代婀娜多姿的民间乐舞、工艺，无不巧夺天工，美不胜收，尽是中华民族文化之精华。

　　艺术是一种生命的律动，展示着生命之美。经济的全球化，对文化艺术产生了深刻的影响，又使优秀的文化艺术面临着巨大的危机。作为文化的继承者和传播者，最不能面对的就是这些灿烂文化艺术的消亡。世界是多样的，我们有足够的理由让这种律动继续下去，一个智慧而富有远见的民族对保护自己优秀遗产从来都是不遗余力的，这些优秀遗产关系着一个民族的兴衰和存续。作为炎黄子孙，应该对民族的优秀文化艺术存着一种尊重敬畏之心。

基于加强中华优秀传统艺术保护与推广的目的，我们选取了书法、国画、年画、唐卡、雕塑、篆刻、民歌、民乐、民舞、戏曲、曲艺、剪纸、编织、刺绣、陶瓷、花灯、风筝、对联、园林、建筑共二十个优秀传统艺术形式，一一介绍，力求表现其艺术的精髓，展现其经过成百上千年选择与沉淀下来的丰富的内容与形式。我们愿意将这些优秀文化艺术的特质呈现给广大读者，更希望通过它让世界对中国有一个深层次的了解和认识，推动我们传统文化艺术走向另一个顶峰。

编者

2013年1月20日

目录

园　　林

　　所谓园林，就是指在一定的地域运用工程技术和艺术手段，通过改造地形、种植树木花草、营造建筑和布置园路等途径创作而成的美的自然环境。园林，从我国古代的先秦到清末，随着功能的变化有着很多不同的名称，例如：圃、苑、庭园、行宫、别墅、避暑山庄等。在我国古代，园林除供帝王游猎、观赏动物之外，还能成为欣赏音乐，提供贵族子弟学习，文人游览和吟诗作赋的优美场所，以及有供百姓冬季打柴、猎获小动物等功能，并往往与中国古代的诗文、绘画和音乐等都有着不解之缘。现在我们所说的园林，除了亭台楼阁，花草树木外，还拥有各种新型材

园林

料、废品利用等，不一定非得有树木、亭子才可以是园林，一个漂亮的雕塑或垃圾桶都可以成为园林。总的来说，园林就是具有某种特定功能的真实的画，可以在物质或精神上为人们服务、使用，在我们的生活空间中真实存在，并能给人以美的享受。

行宫

　　行宫是古代京城以外供帝王出行时居住的宫室，也指帝王出京后临时寓居的官署或住宅。

别墅

　　别墅，即别业，是居宅之外用来享受生活的居所，是第二居所而非第一居所。现在普遍认识是，别墅除有居住这个基本功能以外，更是体现生活品质及享受的高级住所，现在词义中为独立的庄园式居所。

避暑山庄

　　避暑山庄是中国古代帝王宫苑之一，顾名思义，指古代帝王在炎热的夏天避暑的地方，通常也会在那里处理公务。

中国古典园林的特点

古典园林

首先，师法自然，在造园艺术上包含两层内容：一是总体布局、组合要合乎自然；二是每个山水景象要素的形象组合要合乎自然规律。

其次，融于自然。中国古代园林用种种办法来分隔空间，其中主要是用建筑来分隔空间。分隔空间力求从视角上突破园林实体有限空间的局限性，使之融于自然。

再次，顺应自然。中国古代园林中，所有建筑，其形与神都与天空、地下自然环境吻合，同时又使园内各部分自然相接，以使园林体现自然、淡泊、恬静、含蓄的艺术特色。

最后，表现自然。与西方园林不同，中国古代园林对树木花卉的处理与安设，讲究表现自然。松柏高耸入云，柳枝婀娜，乃至于树枝弯曲自如，其形与神，其意与境都重在表现自然。

师法自然，融于自然，顺应自然，表现自然，这是中国古代园林体现"天人合一"的民族文化所在，是独立于世界之林的最大特色，也是其具艺术生命力的根本原因。

布局

布局是对事物的全面规划和安排。布：陈设；设置；设计。文学上为了戏剧效果而引入的方法或人为状态。

西方园林

西方园林表现为开朗、活泼、规则、整齐、豪华、热烈、激情，有时甚至是不顾奢侈地讲究排场。从古时起希腊哲学家就推崇"秩序是美的"，所以植物形态都修剪成规整的几何形式，园林中的道路都是整齐笔直的。

分割空间

分割空间指使用功能的分割，如酒楼划分为餐区、收银区、厨房区等，住宅根据业主功能需求可划分为卧室、餐厅、厨房、卫生间、客厅等。客厅实际是接待、聚坐的场所。

古典园林的起源与发展

　　中国园林在商周开始萌发，在唐宋趋于成熟，在明清达到鼎盛。商周时期，帝王粗辟原始的自然山水丛林，以狩猎为主，兼供游赏，称为苑、囿。春秋战国至秦汉，帝王和贵戚富豪模拟自然美景和神话仙境，以自然环境为基础，又大量增加人造景物，讲求气派。帝王园林与宫殿结合，称为宫苑。南北朝至隋唐五代，文人参与造园，以诗画意境作为造园主题，同时渗入了主观的审美理想。两宋至明初，以山水写意园林为主，注重发掘自然山水中的精华，加以提炼，园景主题鲜明，富有性格，同时大量经营邑郊园林和名胜风景区，将私家园林的艺术手法运用到尺度比较大、公共性比较强的风景区中。明中叶至清中叶，园林数量骤增，造园成为独立的技艺，园林成为独立的艺术门类。私家园林数量骤增，皇家园林仿效私家园林，成为私家园林的集锦。当时出现了许多造园理论著作和造园艺术家。

主观

　　主观，是人的一种意识、精神，与"客观"相对。所谓"主观"，就是观察者为"主"，参与到被观察事物当中。此时，被观察事物的性质和规律随观察者意愿的不同而不同。

园林的起源

审美理想

审美理想是人们在自己民族的审美文化氛围里形成的，由个人的审美体验和人格境界所肯定的关于美的观念尺度和范型模式。

囿

囿是中国古代供帝王贵族进行狩猎、游乐的园林形式。通常选定地域后划出范围，或筑界垣。囿中草木鸟兽自然滋生繁育。《诗经·大雅》中记载了最早的周文王灵囿。秦汉以后，囿都建于宫苑中。

秦、两汉皇家园林

颐和园

　　皇家园林在古籍里面称之为"苑"、"囿"、"宫苑"、"园囿"、"御苑"，为中国园林的四种基本类型之一。园林作为皇家生活环境的一个重要组成部分，形成了有别于其他园林类型的皇家园林。

　　中国皇家园林始于殷商。据周朝史料《周礼》解释，当时皇家园林是以囿的形式出现的，即在一定的自然环境范围内，放养动物，种植林木，挖池筑台，以供皇家打猎、游乐、通神明和生产之用。

　　秦代，秦始皇一统六国，并为自己在咸阳营造宅地"写放"

（即照样画下）六国宫室，照式建筑可以说是集中国建筑之大成，使建筑技术和艺术有了进一步发展。

　　两汉时期，也是皇家园林发育的重要时期。为了适应国家大一统的需要，主要是为了满足帝王们对于生活的个人追求，两汉的皇家园林较之前的皇家园林，可以说有了很大的进步。在布局上，两汉的皇家园林讲究法相天地，园中有园。在造园技巧上，开创了"一池三山"的造园技巧和意境。这种造园技巧，一直被后世所应用。

商朝

　　商朝是中国历史上的第二个朝代，从前1600年至前1046年，前后相传17世31王，延续600年时间。

《周礼》

　　《周礼》是儒家经典，西周时期的著名政治家、思想家、文学家、军事家，周公旦著。从其思想内容分析，其儒家思想发展到战国后期，融合道、法、阴阳等家思想，较春秋孔子思想发生极大的变化。

一池三山

　　在我国古代神话传说中，东海里有蓬莱、方丈、瀛洲三座仙山，山上长满了长生不老药，住着长寿快乐的神仙。封建帝王都梦想万寿无疆与长久统治，自从汉武帝在长安城修建了象征性的"瑶池三仙山"开始，"一池三山"就成为历代皇家园林的传统格局。

灵台、灵沼、灵囿

灵台、灵沼、灵囿合称"三灵"，是西周时期，周文王灵台在营建丰邑时所修建，距今3000多年，在修建灵台的同时，引注沣水以建灵沼（养鱼、龟等水产之处），灵囿（养鹿等动物之处），所以加上灵台合称为"三灵"。

灵台，象征着高山，是中国最早的天文观象台，位于今西安市长安区灵沼街道办阿底村东南约500米的沣河西岸。灵台的建造表示一个国家机制的完善，据各种史料记载，灵台是一个集观察气候、制定律历、于民施教、动员战争、占卜大事、庆祝大典、会盟诸侯等的一个多功能场所。

灵沼，象征着水池，即为周文王修建的一处大型的人工水池，在里面放养了一些鱼类、龟类等水生物种。

灵囿，象征着滋养万物生长的辽阔土地。所谓"囿"即供帝王贵族进行狩猎、游乐的一种园林形式。周文王在平定社会以后，在距离当时国都镐京不远的地方，修建一处供自己游乐的场所，让天然草木与鸟兽在其中滋生繁育，称作"灵囿"。

西周

西周（前1046年—前771年），是由周文王之子周武王姬发灭商后所建立，定都于镐京（今陕西省西安市西部）。

周文王

周文王（前1152—前1056），即殷商西伯（意即西方诸侯之长，《封神演义》演绎为西伯侯），又称周侯，周季历（周朝建立后，尊为王季）之子，姓姬，名昌。

丰邑

周代，周文王攻下崇城之后，就在附近建造了丰邑，户县城东西主干大街叫丰京路，路中段通过小丰村，就是当时的丰邑所在地。

灵台

17

咸 阳 宫

　　咸阳宫，是中国秦代宫殿，位于今陕西咸阳市东，古代秦都咸阳城的北部阶地上。前350年秦孝公迁都咸阳，开始营建宫室，最迟到秦昭王时，咸阳宫已建成。在秦始皇统一六国过程中，该宫殿又经扩建。据记载，该宫殿为秦始皇执政"听事"的所在。秦末，项羽入咸阳，屠城纵火，咸阳宫夷为废墟。

　　1959年以来，一些人一直在勘察秦都咸阳遗址。经勘查，该宫在今渭河北岸黄土塬上，宫内保存有十多处大型夯土建筑基址。已经发掘的主要是1号基址，它东西长60米、南北宽45米，高出地面6米，平面呈长方曲尺形。经初步复原研究，这是一座以多层夯土高台为基础、凭台重叠高起的楼阁建筑。其台顶中部是两层楼堂构成的主体宫室，四周有上下不同层次的较小宫室，底层建筑周围有回廊环绕。整座建筑结构紧凑，布局高下错落，

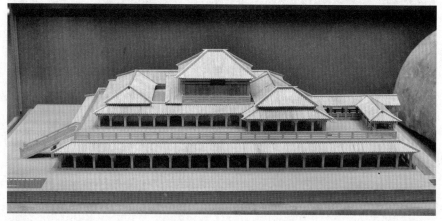

咸阳宫

主次分明，在使用和外观上均有较好的效果。据出土的建筑材料及陶文书体特征，结合史籍中咸阳宫方位判断，这是咸阳宫内一处重要宫殿。

秦昭王

秦昭襄王（前324年—前251年），华族，战国时秦国国君，又称秦昭王。姓嬴，名则，一名稷。先秦时期男子称氏不称姓，虽为嬴姓，却不叫嬴稷（嬴则）。

咸阳

咸阳市地处"八百里秦川"的腹地，是陕西省第三大城市，省辖市，中国著名古都之一，为中国第一帝都。它位于关中平原中部，渭河北岸，九嵕山之南，因山南水北俱为阳，故名咸阳。

秦孝公

秦孝公（前381年—前338年），战国时秦国国君，嬴姓，名渠梁。先秦时期男子称氏不称姓，虽为嬴姓，却不叫嬴渠梁，秦献公之子。

咸阳宫

上 林 苑

　　上林苑，是汉武帝刘彻于建元二年（前141）在秦代的一个旧苑址上扩建而成的宫苑，规模宏伟，宫室众多，有多种功能和游乐内容，现在已经没有了。上林苑地跨长安、咸阳、周至、户县、蓝田五县县境，纵横150千米，有霸、产、泾、渭、丰、镐、牢、橘、八水出入其中。上林苑既有优美的自然景物，又有华美的宫室组群分布其中，是包罗多种多样生活内容的园林总体，是秦汉时期建筑宫苑的典型。上林苑亦是当时汉武帝尚武之地，在此处有皇帝的亲兵羽林军，并由后来的大将军卫青统领。

　　上林苑中有大型宫城建章宫，还有一些各有用途的宫、观建筑，如演奏音乐和唱曲的宣曲宫；观看赛狗、赛马和观赏鱼鸟的犬台宫、走狗观、走马观、鱼鸟观；饲养和观赏大象、白鹿的白鹿观；引种西域葡萄的葡萄宫和养南方奇花异木如菖蒲、山姜、桂花、龙眼、荔枝、槟榔、橄榄、柑橘之类的扶荔宫；用于表演的平乐观；养蚕的茧观；还有承光宫、储元宫、阳禄观、鼎郊观、三爵观等。

汉武帝

　　刘彻，汉武帝，即宗孝武皇帝（前156年—前87年），汉朝的第七位天子，政治家、战略家。七岁时被册立为皇太子，十六岁登基，在位五十四年（前141年—前87年），在位期间数次大破匈奴、吞并朝鲜、

汉武帝茂陵

遣使出使西域，独尊儒术，首创年号。他开拓汉朝最大版图，功业辉煌。

长安

长安是中国历史上一座著名都城。其地点由于历史原因有过迁徙，但大致都位于现在中国陕西的西安和咸阳附近。先后有十七个朝代及政权建都于长安，总计建都时间超过1200年。

卫青

卫青，字仲卿，河东平阳人。汉武帝时的大司马大将军。他战法革新始破匈奴，首次出征奇袭龙城打破了自汉初以来匈奴不败的神话，为北部疆域的开拓作出重大贡献。

未 央 宫

汉高祖刘邦

　　未央宫，中国西汉皇家宫殿，如今位于今陕西西安西北约3
千米处，当年位于西汉都城长安城的西南部。因在长乐宫之西，
汉时称西宫。为汉高祖七年在秦章台基础上修建，同年自栎阳迁
都长安。

　　汉未央宫是汉朝君臣朝会的地方。总体的布局呈长方形，四
面筑有围墙。东西两墙各长2150米，南北两墙各长2250米，全宫
面积约5平方千米，约占全城总面积的1/7，较长乐宫稍小。

　　据史料记载，未央宫建于长乐宫修复后不久，是汉高祖称
帝后兴建的，由刘邦的重臣萧何监造。自未央宫建成之后，汉代

皇帝都居住在这里，所以它的名气远远超过了其他宫殿。在后世人的诗词中未央宫已经成为汉宫的代名词。整个宫殿由承明、清凉、金华等40多个宫殿组成。南部正门以北偏西建未央宫前殿，现在汉未央宫的遗址仍存有当时高大的夯土台基。

西汉

西汉（公元前202年—公元9年），又称前汉，与东汉（后汉）合称汉朝，是中国古代秦朝之后的大一统封建王朝。公元前202年，刘邦称皇帝，国号汉，史称西汉。

汉高祖

汉高祖刘邦（前256年—公元195年），汉朝开国皇帝，汉民族和汉文化伟大的开拓者，中国历史上杰出的政治家、战略家、指挥家，曾参与秦末的推翻暴秦行动。

夯土台基

夯土台基就是夯实地基，是为了让基座更加严实紧密。它和建高楼打牢地基一个道理，都是为了牢固耐用。

建 章 宫

　　建章宫是汉武帝刘彻于太初元年即前104年建造的宫苑。汉武帝为了往来方便，跨城筑有飞阁辇道，可从未央宫直至建章宫。建章宫建筑组群的外围筑有城垣。宫城中还分布众多不同组合的殿堂建筑。

　　从建章宫的布局来看，正门圆阙、玉堂、建章前殿和天梁宫形成一条中轴线，其他宫室分布在左右，全部围以阁道。宫城内北部为太液池，筑有三神山，宫城西面为唐中庭、唐中池。中轴线上有多重门、阙，正门叫阊阖，也叫璧门，是城关式建筑。屋顶上有铜凤，饰黄金，下有转枢，可随风转动。在璧门北，其左有别凤阙，其右有井干楼。进门内二百步，最后到达建在高台上的建章前殿，气魄十分雄伟。宫城中还分布众多不同组合的殿堂建筑。璧门之西有神明，为祭金人处，有铜仙人舒掌捧铜盘玉杯，承接雨露。

中轴线

　　《中国建筑史》把中国古代大建筑群平面中统率全局的轴线称为"中轴线"，并且指出世界各国唯独我国对此最强调，成就也最突出。

城垣

城垣是中国古代围绕城市的城墙。其广义还包括城门、城楼、角楼、马面和瓮城。最早的城墙遗址发现于河南淮阳平粮台和登封王城岗，属龙山文化，当时可能已进入了奴隶社会。

铜仙人

唐李贺《金铜仙人辞汉歌序》中提到，魏明帝青龙，元年八月，诏宫官牵车西，取汉孝武捧露盘仙人，欲立置前殿。宫官既拆盘，仙人临载，乃潸然泪下。唐诸王孙李长吉遂作《金铜仙人辞汉歌》。

建章宫

刘彻陵墓

25

先秦两汉私家园林

在古代，当生产力发展到一定的历史阶段，一个脱离生产劳动的特殊阶层出现以后，经济基础以及技术、材料达到一定的水平，上层建筑的社会意识形态与文化艺术等开始达到比较发达的阶段，这时才有可能兴建和从事以游乐休息为主的园林建筑，这就是私家园林的起源。大约在前16世纪至前11世纪，出现了商朝的囿，多是借助于天然景色，让自然环境中的草木鸟兽及猎取来的各种动物滋生繁育，加以人工挖池筑台，掘沼养鱼。它的范围宽广，工程浩大，甚至达到50千米，仅供奴隶主在其中游憩和进行社交礼仪等。

据记载，在春秋、秦汉，统治者已开始利用这里明山秀水的自然条件，兴建花园，寻欢作乐。汉初商业发达，富商大贾的奢侈生活不下王侯。地主、大商为此也经营园囿，来满足他们寻欢作乐的需要。

秦代

秦代（前221年—前206年）是中国历史上一个极为重要的朝代，由战国时代后期的秦国发展起来的统一大国，是为中国历史上第一个统一的、多民族的、中央集权制国家。

私家园林

春秋

　　春秋（前770年—前476年）时期，始于平王东迁，得名于鲁国史书《春秋》，为东周历史的第一个阶段。鲁国史书《春秋》自鲁隐公元年（前722年）到鲁哀公十四年（前481年）。

战国

　　中国的战国时代指前475年—前221年（另有一说认为具体时间应该是从韩赵魏三家分晋开始算起直到秦始皇统一天下为止，即前403年—前221年）。

27

魏晋南北朝私家园林

私家园林

　　魏晋南北朝时期，是中国古代园林史上的一个重要转折时期。文人雅士厌烦战争，玄谈玩世，寄情山水，以风雅自居。豪富们纷纷建造私家园林，把自然式风景山水缩写于自己私家园林中。

　　公元220年东汉灭亡，军阀、豪强互相兼并，形成魏、蜀、吴三国各据一方的局面。其后虽经西晋的短暂统一，但不久塞外少数民族南下中原相继建立政权，汉族政权则偏安江南，又形成南北朝的分裂局面。直到公元589年隋王朝建立，中国才又恢复统一。这300多年的动乱分裂时期，庄园经济的发展，巩固了豪强和门阀士族的势力，政治上大一统局面的瓦解，影响到意识形态上的儒学独尊，人们敢于突破儒家思想的桎梏，藐视正统儒学制定的礼教和行为规范，向非正统的和外来的种种思潮中探索人生的真谛。思想的解放带来了人性的觉醒，促进了艺术领域的开拓，也给予园林以极大的影响。造园活动普及于民间，而且升华到艺术创作的境界。

魏

三国时期的魏朝（220年—265年），多称曹魏，是三国之中最强大的一国。延康元年，曹操死后，曹操之子曹丕逼汉献帝退位，篡夺汉室政权，曹魏始建。

蜀

蜀汉（221年—263年），又称季汉，三国之一。延康元年，曹操之子曹丕篡汉，次年，刘备以汉室宗亲的身份在四川（蜀地）成都称帝，延续了汉朝大统。

吴

东吴（229年—280年），三国时代的吴国，亦称孙吴。222年，孙权称吴王。黄龙元年四月，孙权称帝，国号吴，改元黄龙，是为吴大帝，东吴也应始于此年。

魏晋南北朝皇家园林

　　魏晋南北朝是中国历史上政权更迭最频繁的时期。由于长期的封建割据和连绵不断的战争，使这一时期中国文化的发展受到特别的影响。其突出表现是玄学的兴起、佛教的输入、道教的勃兴及波斯、希腊文化的羼入。在从魏至隋的360多年间，以及在30多个大小王朝交替兴灭的过程中，上述诸多新的文化因素互相影响，交相渗透，使这一时期儒学的发展及孔子的形象和历史地位等问题也趋于复杂化。

　　此时的皇家园林的发展处于转折时期，战乱频繁，士大夫玄谈玩世，崇尚隐逸，寄情山水，受到这种时代美学的浸润，皇家园林虽然在规模上不如秦汉山水宫苑，但内容上则有所继承与发展，有着更严谨的规制，表现出一种人工建构结合自然山水之美，标志着皇家园林已升华到较高的艺术水平。例如，北齐高纬在所建的仙都苑中堆土山象征五岳，建"贫儿村"、"买卖街"体验民间生活等。

　　士大夫

　　士大夫旧时指官吏或较有声望、地位的知识分子。在中世纪，通过竞争性考试选拔官吏的人事体制为中国所独有，因而形成了一个特殊的士大夫阶层，即专门为做官而读书考试的知识分子阶层。

买卖街是一座舍卫城，城内街道、店铺、商号、旅馆、码头应有尽有，如果皇帝要逛街，宫女、太监等几百人就扮成商人、游人，特别热闹繁华，真的像个买卖街。

北齐

北齐（550年—577年），是中国南北朝时的北方王朝之一。550年（庚午年五月戊午日），由文宣帝高洋取代东魏建立，国号齐，建元天保，建都邺，史称北齐。

皇家园林

魏晋南北朝皇家园林

魏晋南北朝寺院园林

寺庙园林，指佛寺、道观、历史名人纪念性祠庙的园林，为中国园林的四种基本类型之一。寺庙园林实际范围包括寺观周围的自然环境，是寺庙建筑、宗教景物、人工山水和天然山水的综合体。

魏晋南北朝时期，中国的政局十分不稳定，人们对于宗教、玄学的痴迷程度也最为高。所以在魏晋南北朝就兴起了寺庙园林。较为著名的要数僧人慧远在庐山营造东林寺。据慧皎《高僧传》说："却负香炉之峰，傍带瀑布之壑；仍石垒基，即松栽构，清泉环阶，白云满室。复于寺内别置禅林，森树烟凝，石径苔生。"

苏州寒山寺

这已经是在自然景观环境中设置人工禅林的先驱。由于寺庙园林主要依赖自然景貌构成景观，在造园上积累了极其丰富的处理建筑与自然环境关系的设计手法。传统的寺庙园林特别擅长于把握建筑的"人工"与自然的"天趣"的融合。为了满足香客和游客的游览需要，在寺庙周围的自然环境中，以园林构景手段，改变自然环境空间的散乱无章状态，加工剪辑自然景观，使环境空间上升为园林空间。

晋朝

晋朝是中国历史上九个大一统朝代之一，分为西晋（265年—316年）与东晋（317年—420年）两个时期。265年司马炎自立为皇帝，国号晋，定都洛阳，史称西晋，共传四帝52年。

慧皎

慧皎（497年—554年），中国南朝梁时僧人，佛教史学家，会稽上虞（今属浙江）人。他出家后博通内外学及佛教经律，住会稽嘉祥寺。

《高僧传》

《高僧传》是记载自东汉永平至梁代天监间著名僧人的传记。书中将所载僧人分为"译经"、"义解"、"神异"、"习禅"、"明律"、"忘身"、"诵经"、"兴福"、"经师"和"唱导"等10类。

隋唐时期皇家园林

　　隋唐时期，是中国封建社会统一鼎盛的黄金时代，皇家园林的发展也进入一个全盛时期，皇家园林趋于华丽精致，并注重建筑美与自然美两者的统一。隋代的西苑和唐代的禁苑都是山水构架巧妙、建筑结构精美、动植物各类繁多的皇家园林，洛阳的"西苑"和骊山的"华清宫"为此时期的代表作。

　　皇家园林规模浩大、面积广阔、建设恢宏、金碧辉煌，尽显帝王气派。如隋朝的洛阳西苑，周100千米，其内为海，周5千米。唐朝长安宫城北面的禁苑，南北16.5千米，东西13.5千米。在武则天时，洛阳荣升为神都，西苑则随之被定名为神都苑。唐代和武周有高宗、武则天、中宗、玄宗、昭宗、哀宗六位皇帝先

皇家园林

后移都洛阳，历时长达40年之久，作为皇家园林的西苑，范围虽有缩小（周围60千米左右），但是风光依旧不减当年。仅高宗显庆年间建的宿羽、高山两宫，费银就高达3000万，西苑的俊美壮丽，由此可见一斑。

洛阳

洛阳，简称"洛"，因位于古洛水北岸而得名，地处九州之中，有五千年文明史，四千多年建城史，以洛阳为中心的河洛地区是中华文明的发源地，世界上第一座统筹规划的城市。

骊山

骊山，是秦岭北侧的一个支脉，东西绵延20多千米，最高海拔1256米，远望山势如同一匹骏马，故名骊山。骊山温泉喷涌，风景秀丽多姿，自3000多年前的西周就成为帝王游乐宝地。

武则天

武则天（624年—705年），是中国历史上唯一一个正统的女皇帝，也是继位年龄最大的皇帝（67岁即位），又是寿命最长的皇帝之一（终年82岁）。

隋唐西苑

西苑，建于西元，是隋炀帝营建东都洛阳时所建的皇家园林。隋朝时，又称会通苑，它是我国历史上最为华丽的园囿之一。北至邙山，南抵伊阙，西边一直到今天新安境内，周围100多千米，如今在其旧址上的西苑公园和牡丹公园仅占其很小的一部分。

西苑南部是一个水深、地广的人工湖，湖上建有方丈、蓬莱、瀛洲三座仙山，相隔三百步，山上错落有致的亭台月观，内置机关，或升或降，时隐时现。

西苑北面是一条蜿蜒盘亘的大水龙，名为龙鳞渠，依地形高低而曲折跌宕，流入湖中，遂与南部连为一体。微风吹过，杨柳轻扬，修竹摇曳，曲折小径，奇花异石，亭台楼榭，隐藏其间。

西苑之中，奇山碧水，相映成趣；亭台楼阁，巧置其间；流水缭绕，绿林郁茂。殿堂面渠而建，如龙之鳞，宛若天就。西苑建成后，隋炀帝非常满意，频频游幸，尤其喜欢在月朗星稀之夜，领宫女数千，骑马游玩。

西元

公元纪年又称西元纪年，简称"西元"或"公元"。西元纪年是基督教的纪年法。西元在中世纪拉丁文的写法是Anno Domini，简写AD，意为"主的年代"。

隋唐遗址公园

隋炀帝

　　隋炀帝杨广（569年—618年）是隋朝的第二任皇帝，唐时谥炀皇帝，其孙皇泰帝杨侗谥为世祖明皇帝，夏主窦建德谥闵皇帝。

邙山

　　邙山位于河南省洛阳市北，黄河南岸，是秦岭山脉的余脉，崤山支脉。广义的邙山起自洛阳市北，沿黄河南岸绵延至郑州市北的广武山，长100多千米。

大 明 宫

大明宫含元殿遗址

大明宫是唐代长安城禁苑，位于城东北部的龙首原，是唐帝国的政治中心，是世界史上最宏伟和最大的宫殿建筑群之一。

大明宫初建于唐太宗贞观八年（634），名永安宫，是李世民为太上皇李渊而修建的夏宫，也就是避暑用的宫殿，而宫殿还未建成，太上皇李渊就在第二年的五月病死于大安宫，夏宫的营建工程也就此停工。遂于贞观九年（635）正月改名大明宫。

大明宫再次大规模营建是在高宗龙朔时期。龙朔二年（662），高宗染风痹，恶太极宫卑下，故修大明宫。经过这次大规模营建，大明宫才算基本建成。当然，此后大明宫尚有多次营建和葺修，如玄宗开元元年曾修大明宫，宪宗元和十二年、十三年（817、818）又曾二次增修大明宫宫殿，新造蓬莱池周廊四百间，浚龙首池，起承晖殿。不过这些工程只是增修补葺罢了，大明宫在郭城的东北处，南接都城之北，西接宫城的东北隅，占据龙首原的高地之上。

唐朝

唐朝（618年—907年），是中国历史上统一时间最长，国力最强盛的朝代之一。618年由陇西李氏建立，定都长安。

唐太宗

唐太宗李世民，是唐朝第二位皇帝，他名字的意思是"济世安民"，汉族，陇西成纪人，祖籍赵郡隆庆，政治家、军事家、书法家、诗人。

李渊

李渊是唐代开国皇帝，出身于北朝的贵族，隋末天下大乱时，李渊乘势从太原起兵，攻占长安。公元618年，李渊称帝，改国号唐，定都长安，不久便统一了全国。

华 清 宫

　　华清宫，中国古代离宫，以温泉汤池著称，在今陕西省西安市临潼区骊山北麓。据文献记载，秦始皇曾在此"砌石起宇"，西汉、北魏、北周、隋代亦建汤池。

　　骊山温泉行宫到了唐代才正式拥有了华清宫的名字，而且还具有了副都或行都的性质。公元747年，唐玄宗改温泉宫为华清宫，同时下令大兴土木，修造亭台殿阁，布设园林美景。此时华清宫的豪华与宏大，通过罗城（即宫城）可见一斑，华清宫重要的建筑都布设在这里，该城分设四门，以南北门相对为中轴线，宫墙内以墙相隔为三个区，东区有瑶光楼，飞霜殿，九龙殿，梨园，在这个梨园里，唐玄宗与杨贵妃教习梨园弟子演练，这也是中国戏曲的一个重要发展之地。中区有前殿、后殿、太子汤、少阳汤等。北门外有观风楼，重明阁，斗鸡殿，按歌台等建筑。在外布置有寺观，再东布置有球场，舞马台、斗鸡场等游乐设施。此时的华清宫占地已达86万多平方米，由此可见华清宫当时的豪华非同一般。

秦始皇

　　秦始皇（前259年—前210年），嬴姓赵氏，名政，因生于赵都邯郸，故又称赵政。他是中国历史上最伟大的政治家、改革家、战略家、军事统帅，首位完成中国统一的秦朝的开国皇帝。

隋朝

　　隋朝（581年—618年），是中国历史上经历了魏晋南北朝三百多年分裂之后的大一统王朝。它由出身于军事贵族的杨坚于581年篡夺北周政权建立。

唐玄宗

　　李隆基（685年—762年），即历史上著名的唐玄宗（庙号为"玄宗"），亦称唐明皇。他在712年—756年在位。

西安华清宫

华清宫

41

曲　江　池

　　曲江池为中国唐代著名的风景区之一，在唐长安城东南隅，又因水流曲折得名。

　　据记载，这里在秦代称恺洲，并修建有离宫称"宜春苑"，汉代在这里开渠，修"宜春后苑"和"乐游苑"。隋营京城（大兴城）时，宇文恺凿其地为池。隋文帝称池为"芙蓉池"，称苑为"芙蓉园"。唐玄宗时恢复"曲江池"的名称，而苑仍名"芙蓉园"。芙蓉园占据城东南角一坊的地段，并突出城外，周围

曲江池遗址公园

有围墙，园内总面积约2.4平方千米。曲江池位于园的西部，水面约0.7平方千米。全园以水景为主体，一片自然风光，岸线曲折，可以荡舟。池中种植荷花、菖蒲等水生植物。亭楼殿阁隐现于花木之间。唐代曲江池作为长安名胜，定期开放，都人均可游玩，以中和（农历二月初一）、上巳（三月初三）最盛，中元（七月十五日）、重阳（九月九日）和每月晦日（月末一天）也很热闹。

宇文恺

宇文恺（555年—612年），中国隋代城市规划和建筑工程专家，字安乐，朔方夏州人，后徙居长安。他出身于武将功臣世家，自幼博览群书，精熟历代典章制度和多种工艺技能，官至工部尚书。

隋文帝

隋文帝，杨坚，隋朝开国皇帝，汉族，弘农郡华阴人，汉太尉杨震十四世孙。他在位期间成功地统一了百年严重分裂的中国，开创先进的选官制度，发展文化经济，使得中国成为盛世之国。

重阳

农历九月九日，为传统的重阳节，又称"老人节"。因为《易经》中把"六"定为阴数，把"九"定为阳数，九月九日，日月并阳，两九相重，故而叫重阳，也叫重九。

曲江池

隋唐时期的私家园林

　　唐代是中国历史上的一个重要的时期，唐代的经济、政治、文化、极其发达，几乎覆盖了整个东亚、东南亚地区。同时唐代也是中国古代园林风格转变的重要时期。唐长安私家园林的艺术性较之上代又有进一步升华。唐长安私家园林的山体、水体、植物、动物、建筑等景观要素和谐融汇，园池构筑日趋洗练明快，士人将诗情画意引入园林，使崇尚自然的美学原则充分实现，为后世的写意山水园奠定了基础。

　　在唐代洛阳是陪都，因此贵族官僚在洛阳兴建了许多园林。在北宋初年，李格非所作《洛阳名园记》中，介绍了洛阳名园十九个，多数是在唐朝庄园别墅园林的基础上发展过来的，但在布局上已有了变化。它与以前园林的不同特点是：园景与住宅分开，园林单独存在，专供官僚富豪休息、游赏或宴会娱乐之用。

东亚

　　东亚位于亚洲东部，太平洋西侧，主要包括中国、蒙古、朝鲜、韩国、日本5个国家。地形地势为西高东低，有典型的季风气候，雨热同期。东亚渔业资源丰富，多天然良港，利于渔业和对外经济的发展。

东南亚

东南亚是第二次世界大战后期才出现的一个新的地区名称。该地区共有11个国家：越南、老挝、柬埔寨、泰国、缅甸、马来西亚、新加坡、印度尼西亚、文莱、菲律宾和东帝汶。

《洛阳名园记》

北宋文学家李格非（李清照之父）于绍圣二年撰成《洛阳名园记》。《宋史·李格非传》云："尝著《洛阳名园记》，谓洛阳之盛衰，天下治乱之候也。"

私家园林

隋唐时期的私家园林

45

辋川别业

辋川别业，最早是由宋之问在辋川山谷所建的辋川山庄，后来由唐代著名诗人兼画家王维在此基础上营建的一座园林，称为辋川别业。

辋川别业营建在具山林湖水之胜的天然山谷区，因植物和山川泉石所形成的景物题名，使山貌水态林姿的美更加集中地、突出地表现出来，仅在可观处、可歇处、可借景处，相地面筑宇屋亭馆，创作成既富自然之趣，又有诗情画意的自然园林。

辋川，在蓝田县城西南约5千米的尧山间，这里青山逶迤、峰峦叠嶂，奇花野藤遍布幽谷，瀑布溪流随处可见，是秦岭北麓一条风光秀丽的川道。川水自尧关口流出后，蜿蜒流入灞河。古时候，川水流过川内的欹湖，两岸山间也有几条小河同时流向欹湖，由高山俯视下去，川流环凑涟漪，好像车辆形状，因此叫做"辋川"。辋川在历史上不仅为"秦楚之要冲，三辅之屏障"，而且是达官贵人、文士骚客心醉神驰的风景胜地，素有"终南之秀钟蓝田，茁其英者为辋川"之誉。"辋川烟雨"为蓝田八景之冠。

宋之问

宋之问，字延清，汉族，汾州（今山西汾阳市）人。还有记载说他是虢州弘农（今河南灵宝县）人，初唐时期的著名诗人。

王维

辋川别业

王维

　　王维，生于公元701年，字摩诘，汉族，祖籍山西祁县，唐朝诗人，有"诗佛"之称。开元九年中进士，任太乐丞。现存诗400多首。

蓝田

　　蓝田位于秦岭北麓，关中平原东南部，是古城西安的东南门户，县城距西安22千米。前379年始置蓝田，迄今已有2370多年的历史，因境内盛产美玉而得名。

庐山草堂

白居易草堂

　　白居易是唐代的大诗人，还是一位园林艺术大师。他的诗文以园林意象为题材的不可胜数，反映出白居易对自然风物的深刻理解和对自然美的独特鉴赏力，早已成为中国古典园林中文人园林的理论基础。白居易贬官江州期间曾在庐山北麓香炉峰下建草堂隐居，并亲自参与了草堂的选址、设计和营造。这便是庐山草堂的由来。

　　庐山草堂，亦称遗爱草堂，始建唐元和十一年。它在结构上极为独特，长阔大小力求随自己心愿，与周围环境相和谐。其建筑工艺极为简单，房柱用刀斧砍削，不用油漆，竹编的墙壁，不抹泥灰。窗户用纸糊，幔子用萱麻织，一切力图不加修饰，充分展现出一种原始的自然美。造景上，草堂也别具一格，堂前筑一长方形平台，台南挖一方池，池中植莲，池周种竹；池南面有一道石涧，石涧两岸有古松、老杉，草堂东面有一股瀑布，水悬1米多，灌入石渠中，水声如抚琴瑟，置身其间，给人以忘我的境界。

庐山

　　庐山，山体呈椭圆形，典型的地垒式长段块山约25千米，宽约10千米，绵延的90余座山峰，犹如九叠屏风，屏蔽着江西的北大门。

白居易

　　白居易（772年—846年），汉族，字乐天，晚年又号香山居士，河南新郑（今郑州新郑）人，我国唐代伟大的现实主义诗人，中国文学史上负有盛名且影响深远的诗人和文学家。

元和

　　元和（806年—820年）是唐宪宗李纯的年号，在位期间唐朝出现短暂的统一，史称"元和中兴"。

隋唐时期寺观园林

在唐代采取儒、道、释三教共尊的政策，佛教、道教达到兴盛的局面。寺、观的建筑制度已经趋于完善，大型的寺院往往是成片成片的建筑群，包括殿堂、客房、园林等功能区。寺观除了进行宗教活动之外，也开展了社交和公共活动。这样寺、观在环境处理上，往往把宗教的肃穆与人间的愉悦相结合，并且更加重视寺、观的绿化和园林的经营。在长安城内，佛寺多有园林和庭园化的建设。

寺观园林其实际范围包括寺观周围的自然环境，是寺庙建筑、宗教景物、人工山水和天然山水的综合体。一些著名的大型寺观园林，往往历经成百上千年的持续开发，积淀着宗教史迹与名人历史故事，题刻下历代文化雅士的摩崖碑刻和楹联诗文，使寺观园林蕴含着丰厚的历史和文化游赏价值。

儒家

儒家又称儒学、儒家学说，或称为儒教，是中国古代最有影响的学派。作为华夏固有价值系统的一种表现的儒家，并非通常意义上的学术或学派，它是中华法系的法理基础。

苏州寒山寺

释家

　　释家，释门、佛门的意思。从广义的角度来说，释家是信仰佛教的僧侣居士的统称，他们的生活世界是受佛教信仰所主导的。

道教

　　道教是中国固有的一种宗教，距今已有1800多年的历史。它与中华本土文化紧密相连，深深扎根于中华沃土之中，具有鲜明的中国特色，并对中华文化的各个层面产生了深远影响。

宋代皇家园林

　　宋代（960年—1279年），统治阶级沉湎于声色繁华。北宋东京，南宋临安，金朝中都，都有许多皇家园林建置，规模远逊于唐代，然艺术和技法的精密程度则有过之。皇家园林的发展又出现了一次高潮，这就是位于北宋都城东京的艮岳。宋徽宗建造的艮岳是在平地上以大型人工假山来仿创中华大地山川之优美的范例，它也是写意山水园的代表作。此时，假山的用材与施工技术均达到了很高的水平。艮岳这座皇家园林不仅规划设计、建设得出类拔萃，而且在园艺管理方面也是技高一筹。通过举办各种活动内容，采取一些技术措施，提高游园的观赏性、参与性和趣味性。如他聘用了一位名叫薛翁的驯兽师在园内饲养、驯化禽

假山

兽，薛翁通过模仿禽鸣、技术训练，让园内的珍禽异兽表演各种动作，达到招之即来，挥之即去的效果。每当徽宗皇帝临幸时，薛翁发出号令，天上数万珍禽群翔，陆地上鹿舞鹤鸣，呈献出"万岁山瑞禽迎驾"的喜人景象，徽宗龙颜大悦，当即给薛翁封官加禄。

东京

开封古称东京（亦有汴梁、汴京之称），简称汴，位于河南省东部，在中国版图上处于豫东大平原的中心位置。

临安

古代的临安是指临安府，即今杭州市，是南宋首都，有"临时安家"之意。现在的临安是指临安市，是杭州市下辖的一个县级市，拥有"中国竹子之乡"的美誉。

宋徽宗

宋徽宗（1082年—1135年），名赵佶，神宗第11子，哲宗弟，是宋朝第八位皇帝。赵佶先后被封为遂宁王、端王。

东京延福宫

景山远景

　　宋徽宗赵佶即位的第三年至崇宁元年，为了粉饰太平，以示"丰亨豫大"（《宋史·蔡京传》），降旨童贯于苏、杭置造作局，开始筹建他的享乐游玩场地——延福宫。延福宫是皇家宫苑，其规模之巨大，气派之宏伟，制作之奇巧，亘古未有。它是北宋劳动人民的智慧结晶，也是宋徽宗荒淫糜烂生活的见证。

　　延福宫是蔡京用来对皇帝献媚所建造的宫殿。由内侍童贯、杨戬、贾详、何诉、蓝从熙等五位大太监分别监造。五幢宫殿，争奇斗巧，追求华丽，丝毫不计算成本。宫内的殿阁亭台，连绵不绝。各种形态的青铜雕塑，千姿百态；名贵的花朵和险峻的怪石更是种类繁多。延福宫内的殿、台、亭、阁众多，名称非常雅致，常常蕴含诗意，是富于艺术修养的宋徽宗所取的。

蔡京

蔡京（1047年—1126年），字元长，北宋兴化仙游（今属福建仙游县）人。崇宁元年，为右仆射兼门下侍郎（右相），后又官至太师。蔡京先后四次任相，共达17年之久。

童贯

童贯（1054年—1126年），字道夫，开封人，北宋权宦，"六贼"之一，性巧媚，初任供奉官，他是中国历史上掌控军权最大的宦官；获得爵位最高的宦官；第一位代表国家出使的宦官。

太监

太监也称宦官，通常是指中国古代被阉割后失去性能力的不男不女的中性人，他们是专供皇帝、君主及其家族役使的官员。

东京四苑

东京四苑乃是琼林苑、玉津园、金明池、宜春苑四苑的总称。琼林苑是宋乾德二年置，在汴京城西。宋太祖正式建立了殿试制度，即在吏部考试后，皇帝在殿廷之上主持最高一级的考试，决定录取的名单和名次。

玉津园是南宋的御园，也是皇家的游乐园。宋高宗于建炎二十一年兴建，每年新春元日，高宗喜欢在这里举行燕（宴）射。宋亡园废，故址约在旧龙华寺附近。

金明池是北宋著名别苑，又名西池、教池，位于宋代东京顺天门外，遗址在今开封市城西的南郑门口村西北、土城村西南和吕庄以东和西蔡屯东南一带。金明池池形方整，四周有围墙，设门多座，西北角为进水口，池北后门外，即汴河西水门。

宜春苑是北宋四大名园之一，在河南开封城东，是宋太宗赵匡胤之弟赵延美的花园，俗称东御园。宜春苑是兖国公主驸马的私家花园旧址，宋人称李驸马园。重建的宜春苑为主园，集种植花木、观赏景观、销售花卉为一体。

宋太祖

宋太祖赵匡胤（927年—976年），中国北宋王朝的建立者，汉族，涿州（今河北）人。960年，他以"镇定二州"的名义，谎报契丹联合北汉大举南侵，领兵出征，发动陈桥兵变，黄袍加身，代周称帝，建立宋朝，定都开封。

金明池

宋太宗

　　赵炅，是宋朝的第二个皇帝，宋太宗皇帝，本名赵匡义，后因避其兄宋太祖讳改名赵光义，即位后改名炅。父亲赵弘殷，追赠宣祖，母亲杜太后。在其兄弟中，除去早夭者，太宗排行居中，比太祖小12岁，比秦王赵廷美大8岁。

宋高宗

　　宋高宗（1107年—1187年），名赵构，字德基，南宋开国皇帝，北宋皇帝宋徽宗第九子，宋钦宗之弟，曾被封为"康王"。

大内御苑

　　大内御苑为南宋皇家园林，是宫城的苑林区，又名后苑，位置大约在杭州凤凰山的西北部，这里地势高爽，能迎受钱塘江的江风，视野广阔，"山据江湖之胜，立而环眺，则凌虚骛远、壤异绝胜之观，举在眉睫"，且这里较杭州其他地方凉爽，故为宫中避暑之地。《武林旧事》载，"禁中避暑多御复古、选德等殿，及翠寒堂纳凉。长松情竹，浓翠蔽日。层峦奇帕，静窈萦深。寒瀑飞空，下注大池可十亩。池中红白苗茗万柄……又置茉莉、素馨、建兰、察香藤、朱谨、玉桂、红蕉、阁婆、詹葡等南花数百盆于广庭，鼓以风轮，清芬满殿…… 初不知人间有

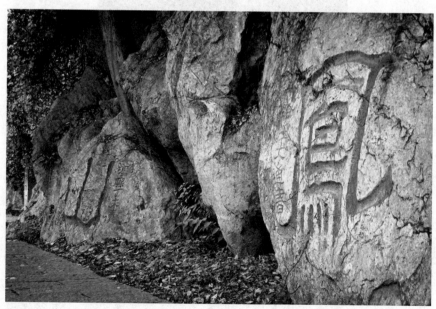

南宋皇城

尘暑也。"苑中广列宫殿,《马可•波罗游记》对此也有记载,"(锦胭廊)宽六步,上有顶盖,这走廊很长,一直走到湖边。走廊两边,有寝宫十处……各有花园,在这些房间里住有一千宫女,侍候国王。有的时候,国王同后妃一同出游,带着宫女数人,泛舟湖上,舟上满覆续绸。"苑中遍植名花嘉木,宫殿参差排列,掩映在青山碧水之间,可以想见当时花木之胜及景观之美。

大内御苑

《武林旧事》

《武林旧事》,作者按照"词贵乎纪实"的精神,根据目睹耳闻和故书杂记,详述朝廷典礼、山川风俗、市肆经纪、四时节物、教坊乐部等情况,为了解南宋城市经济文化和市民生活,以及都城面貌、宫廷礼仪提供了较丰富的史料。

南宋

南宋(1127年—1279年),是中国历史上的一个朝代,宋高宗赵构在北宋陪都南京(应天府,今河南商丘)重建宋朝,南迁后建都临安(今浙江杭州),史称南宋。

《马可•波罗游记》

《马可•波罗游记》,是1298年威尼斯著名商人和冒险家马可•波罗撰写的其东游的沿途见闻。这些叙述在中古时代的地理学史,亚洲历史,中西交通史和中意关系史诸方面,都有着重要的历史价值。

富郑公园

洛阳白园

　　富郑公园是北宋时私家园林，是宋仁宗、神宗两朝宰相富弼的宅园。此园是当时洛阳少数几处不利用旧址而新开辟的私家园林之一。据《洛阳名园记》记载，此园由住宅东门的探春亭入园，园中部为大水池，由小渠引来园外活水，池北为全园主体建筑四景堂，前为临水月台，"登四景堂则一园之胜景可顾览而得"。池西植大片竹林，辅以多种花木，又筑有方流亭、紫绮堂，花径中，有荫樾亭、赏幽台，抵重波轩。池的南岸为卧云堂，与四景堂隔水呼应成对景，卧云堂南为土山，种梅、竹，山上有梅台、天光台。园中又多山洞、水渠、曲径通幽，别有一番风情。

　　该园林布局大致以水池为中心并略作偏东，南北为山，东西为林，除中轴线上两座主体建筑外，其他建筑均为亭、轩之类的小型园林建筑。一入园门便有亭曰探春亭，在园西部密林之中建有荫樾亭、紫筠亭，在小溪旁有方流亭，园北的大片竹林中建有五亭：丛玉亭、披风亭、漪岚亭、夹竹亭及兼山亭，错列布置，点染竹林中幽静、素雅、深邃的环境。

宋仁宗

　　宋仁宗（1010年—1063年），中国北宋第四代皇帝，初名受益，宋真宗的第六子，生于大中祥符三年，1063年驾崩于汴梁皇宫，享年53岁。

富弼

　　富弼（1004年—1083年），字彦国，洛阳（今河南洛阳东）人。天圣八年以茂才异等科及第，历知县、签书河阳(孟州，今河南孟县南)节度判官厅公事、通判绛州、郓州。

富弼为相

　　富弼做宰相时，即使是小官或百姓拜见（他），他都能以平等的礼节来对待客人，和颜悦色地与来拜见的人说话，客人走时送到门口，看到客人上马才回来。自此各位大臣渐渐效仿他平易近人的为人处事风格。

湖 园

　　湖园是北宋时私家园林，此园原为唐代宰相裴度的宅园，但宋时归何人却不详。湖园主体是一大湖，湖中有个大洲，名字叫做百花洲，洲上面建设一个大堂，湖北岸有大堂叫做四并堂，大堂的名字源自于谢灵运《拟魏太子邺中集诗》序中低端"天下良辰、美景、赏心、乐事，四者难并"的句子。大洲有许许多多的花草树木围绕着湖泊，形成大片大片繁茂的林木和笔挺的修竹。百花洲堂和四并堂隔一汪湖水，遥遥呼应，它便是此园的主体建筑，除此之外，湖东还有桂堂，湖西岸有迎晖亭、梅台和知止庵隐蔽在林莽之中，环翠亭超然高出于竹林之上，而翠椒亭前临渺渺大湖，既有池亭之胜，又有擅花卉之妍。当时的人们以为园林"务宏大者，少幽邃，人力胜者，少苍古，多水泉者，艰眺望"，唯独湖园兼此六者，因而在当时也颇有名。《洛阳名园记》也说此园"虽四时不同，而景物皆好"。

裴度

　　裴度（765年—839年），唐朝名相，字中立，汉族，河东闻喜（今山西闻喜东北）人。他是唐代后期杰出的政治家，德宗贞元五年进士。

洛阳园林小径

谢灵运

谢灵运（385年—433年），汉族，浙江会稽人（今绍兴），原为陈郡谢氏士族，东晋名将谢玄之孙，小名"客"，人称谢客，又以袭封康乐公，称谢康公、谢康乐。

北宋

公元960年，后周宋州（今河南商丘）归德军节度使赵匡胤在出兵北伐的途中，在宋州发动了政变，即"陈桥兵变"，迫使周恭帝退位，在汴梁（今河南开封）建立了宋王朝，史称"北宋"。

董氏西园、东园

　　董氏西园的特点是"亭台花木，不为行列"，也就是说它的布局方式是模仿自然，又取山林之胜。入园门之后的起景点是三堂相望，一进门的正堂和稍西一堂划为一个景区，过小桥流水有一高台。这里在地形处理上注意了起伏变化，不使人进园后，有一览无余之感，又可以说是障景和引人入胜的设计手法。

　　董氏东园是专供载歌载舞游乐的园林。园中宴饮后醉不可归，便在此坐下，"有堂可居"。记载说明当时园中有的部分已经荒芜，而流杯亭、寸碧亭尚完好，其他的景观与建筑内容多，而比较有特色的是除了有大可十围的古树外，西有大池，四周有水喷泻池中而阴出，故朝夕如飞瀑而池水不溢出，说明此园的水景有其高人一等的地方。名园记中说，洛阳人盛醉的到了这里就清醒，故俗称醒酒池，恐怕主要是清意幽新的水面和喷泻的水，凉爽宜人，使人头脑清新，这真是水景的妙用了。

董氏

　　董姓是一个古老的姓，董姓的由来，有两种说法，其中一说法起源很早。相传黄帝的已姓子孙中有个叫叔安的，被封于飂，称为飂叔安。飂叔安的儿子董父，为帝舜驯养龙，被舜赐姓为董，任为豢龙。

元丰

元丰（1078年—1085年）是宋神宗赵顼的一个年号，共计8年。元丰八年二月宋哲宗即位沿用。元丰七年，司马光完成了史记《贺治通鉴》的撰写，耗时19年。

元祐

元祐（1086年—1094年）是宋哲宗赵煦的第一个年号。北宋使用这个年号共九年。由于元祐年间是由反对新政的旧党当政，因此后来的党争中，元祐一名又被用来指称旧党及其成员。

西塘·西园

文人园林

　　文人园林最早见于东汉末年，因社会动荡不安，普遍流行消极悲观的情绪。魏、晋、南北朝时期，当时儒、道、佛、玄诸家争鸣，彼此阐发。思想解放促进了艺术领域的开拓，也给予园林很大的影响，造园活动逐渐普及于民间而且升华到艺术创作的境界。唐代，山水文学兴旺发达。文人经常写作山水诗文，对山水风景的鉴赏必然都具备一定的能力和水平。许多著名文人担任地方官职，出于对当地山水风景的向往之情，并利用他们的职权对风景的开发多有建树。这些文人出身官僚，不仅参与风景的开发、环境的绿化和美化，而且还参与营造自己的私园。凭借他们对自然风景的深刻理解和对自然美的高度鉴赏能力来进行园林的经营，同时也把他们对人生的有哲理的体验，宦海沉浮的感怀融注于造园艺术之中。文人官僚的士流园林所具有的清沁雅致格调，得以更进一步地提高、升华，更附着上一层文人的色彩，这便出现了"文人园"。

南北朝

　　南北朝（420年—589年）是中国历史上的一段分裂时期，由公元420年刘裕篡东晋建立南朝宋开始，至公元589年隋灭南朝陈为止。

山水文学兴旺发达

文人园林

文人

　　文人是指人文方面的、有着创造性的、富含思想的文章写作者。严肃地从事哲学、文学、艺术以及一些具有人文情怀的社会科学的人，就是文人。

消极

　　消极与"积极"相对，是否定的，是反面的，是阻碍发展的，同样也是不求进取的，是消沉的。"从积极方面来说，歌咏可以团结自己的力量。从消极方面来说，歌咏可以涣散敌人的军心。"引自《洪波曲》。

元代私家园林

　　元代的私家园林主要是继承和发展唐宋以来园林的形式，其中较为著名的有河北保定张柔的莲花池，江苏无锡倪赞的清闷阁、云林堂，苏州的狮子林，浙江归安赵孟頫的莲庄以及元大都西南廉希宪的万柳园、张九思的遂初堂、宋本的垂纶亭等。有关这些园林详尽的文字记载较少，但从留至今日的元代绘画、诗文等与园林风景有关的艺术作品来看，园林已开始成为文人雅士抒写自己性情的重要艺术手段，由于元代统治者的等级划分，众多汉族文人往往在园林中以诗酒为伴，弄风吟月，这对园林审美情趣的提高是大有好处的，也对明清园林起着较大的影响。

保定古莲花池

私家园林在元代苏浙一带最终完成了从写实到写意的过渡。宋以前园林多为写实的意境，到了南宋南迁江南，经济文化方面给当地人的冲击很大，文人大量地参与设计，把园林从简单的模仿山林野趣，演变成集山水植物和建筑于一体的园林概念。

张柔

　　张柔（1190年—1268年），字德刚，汉族，易州定兴（今河北保定定兴）人。降蒙古后，在灭金中屡立战功，其部成为灭南宋的主要武装势力，是蒙古三大汉族武装势力之一。

赵孟頫

　　宗室。字景鲁。孟頫兄。荫补承务郎，知仁和县，授签书高垂军判官。入元不仕，日以翰墨为娱。书九经一过，细字谨楷，人传以为玩。喜与名僧游。

张九思

　　张九思，字全行，锦州人。皇统初，补行台省女直译史，除同知易州事，三迁亳州防御使、归德尹。刘仲延受宋国岁贡于泗州，九思副之。

元明皇家园林

紫禁城

　　明北京的苑囿均设在皇城之中，基本也是据元代的禁苑或延用、或改造、或重建而成。西苑是明代最大的苑囿，位于紫禁城西，其基本山水构架就是元代的万岁山太液池，燕王府后来也被作为苑中的一个组成部分。在最初的十多年间，苑内并无营造活动，宣德八年，宣宗称苑内建筑年代已久，恐其颓纪，遂命工修葺。不久英宗对苑进行了首次规模较大的改造。嘉靖、万历年间西苑又经不断地改建，渐渐改变了原先以天然野趣为主的特色，人为的痕迹日趋明显。紫禁城后，中轴线北端另有二苑，一在紫禁城内，坤宁宫之后，称作后苑；一在玄武门外，称万岁山。两苑之地在元代也为禁苑，但明代重新营建之后已经完全没有前代的影子了。后苑与万岁山相距不远，营建也几乎同时开始。后苑布置没有采用中国园林随意丈自由的传统手法，而是采用了与宫室建筑相仿的大致对称的格局，苑中以建筑为主，花木、假山只是其中的点缀和陪衬，使之呈现出庄严的气度。万岁山占地较大，并用开凿紫禁城护城河所出的土方堆高筑成了一座体量巨大的假山，山脊对称地耸立着的五座亭构，山间、山后所建的殿宇也形成了较明显的轴线。

元朝

元朝（1271年—1368年），又称大元，是中国历史上第一个由少数民族（蒙古族）建立并统治全国的封建王朝。

明宣宗

明宣宗朱瞻基（1398年—1435年1月31日），汉族，明朝第五位皇帝，永乐九年立为皇太孙，数度随成祖征讨蒙古。洪熙元年即位，年号宣德。

明英宗

明英宗朱祁镇（1427年—1464年），明朝第六位皇帝，明宣宗长子。宠信太监王振，振遂广植朋党，启明代宦官专权之端。

明代西苑

　　北京城内，紫禁城西侧的北、中、南三海被人们合称为西苑。这里是明朝主要的御苑，也就是帝王游息、居住、处理政务的重要场所。其中北海面积最大，总约70公顷，占全苑一半以上。北海的布局以池岛为中心，在池岛的周围修建建筑。在东南堆有琼华岛，岛上建有广寒宫（为明初时建造），清初将这里改成了喇嘛塔，成为全园的构图中心，这里是全园的制高点和标志。在岛上还有悦心殿和庆宵殿。在山北沿池建有二层楼的弧形长廊，北岸布置几组宗教建筑，有小西天、大西天、阐福寺、彩色玻璃镶砌的九龙壁等。南岸和北岸还有濮涧画舫斋和静清斋三组小景区，是北海的苑中之园。中海、南海水面积较小，所以其中的景物也比较少。其中中海狭长，两岸的树木生长得十分茂盛，但是建筑物比较少。南海水面较小而圆，水中有瀛台之岛，岛上建筑物较低平，岸上建筑也不多。

明朝

　　明朝（1368年—1644年），由明太祖朱元璋建立，历经十二世、十六位皇帝、十七朝，国祚276年，是中国历史上最后一个由汉族人建立的封建王朝。

九龙壁

紫禁城

紫禁城是中国明、清两代24个皇帝的皇宫。明朝第三位皇帝朱棣在夺取帝位后，决定迁都北京，即开始营造紫禁城宫殿，明永乐十八年落成。

九龙壁

九龙壁是影壁的一种，即建筑物大门外正对大门以作屏障的墙壁，俗称照墙、照壁。影壁是由"隐避"演变而成。门内为"隐"、门外为"避"，以后就惯称影壁。

御 花 园

　　御花园位于紫禁城中轴线上，坤宁宫后方，明代称为"宫后苑"，清代称御花园。明代永乐十五年始建，十八年建成，名为"宫后苑"。清雍正朝起，称"御花园"。它位于紫禁城中轴线的北端，正南与坤宁门同后三宫相连，左右分设琼苑东门、琼苑西门，可通东西六宫；北面是集福门、延和门、承光门围合的牌楼坊门和顺贞门，正对着紫禁城最北界的神武门。园墙内东西宽135米，南北深89米，占地12 015平方米。园内建筑采取了中轴对称的布局。中路是一个以重檐录顶、上安镏金宝瓶的钦安殿为主体建筑的院落。东西两路建筑基本对称，东路建筑有堆秀山万春亭、御景亭、璃藻堂、浮碧亭、绛雪轩；西路建筑有位育斋、延辉阁、千秋亭、澄瑞亭、养性斋，还有井亭、四神祠、鹿台等。这些建筑绝大多数为游憩观赏或敬神拜佛之用，唯有璃藻堂从乾隆时起，排贮《四库全书荟要》，供皇帝查阅。建筑多倚围墙，只以少数精美造型的亭台立于园中，空间舒广。

永乐

　　永乐，中国明代明成祖朱棣的年号，公元1403年—公元1424年，前后共22年。《永乐大典》等重大历史事件发生在这一时期。期间经济社会得到进一步巩固，全国统一形势得到发展。

清朝

　　清朝是由女真族建立起来的封建王朝，它是中国历史上继元朝之后的第二个由少数民族统治中国的时期，也是中国最后一个封建帝制王朝。

坤宁宫

　　坤宁宫是北京故宫内廷后三宫之一，坤宁宫在交泰殿后面，始建于明朝永乐十八年，乾清宫代表阳性，坤宁宫代表阴性，以表示阴阳结合，天地合璧之意。

御花园

御花园

75

明代东苑

　　今天大家所熟知的北海和中南海就因其地处皇宫以西，称之为西苑，而当时位于皇宫之东还有一座皇家园林至东苑，如今已鲜为人知了。

　　东苑位于紫禁城东华门外以南，具体位置在今筒子河以东、东华门大街以南，北至长安街、东至南河沿大街。

　　明永乐十一年，当时明朝首都还在南京，明成祖朱棣虽早有意迁都北京，但北京皇宫的建设还未完工，而此时的东苑已初具规模。这一年的端午节明成祖朱棣驾临东苑，观击球射柳，清人吴长元所记："射柳之戏，藏鸽于葫芦或盒中，悬于柳上，击中盒开，鸽飞而出以此为乐。"皇太孙击发连连命中，朱棣大喜，赐宴众臣。

东苑

随着明王朝的日益衰落，东苑也逐渐失去了往日的风采，最后被毁于明末农民起义的战火。皇史宬因其建筑坚固且具防火功能而幸免于难，后被清政府继续当做皇家档案馆而保存至今，而东苑的其他建筑如今已踪迹皆无。

朱棣

明成祖朱棣（1360年—1424年），明朝第三位皇帝，明太祖朱元璋第四子。他生于应天，时事征伐，并受封为燕王，后发动靖难之役，起兵攻打建文帝，于1402年称帝，改元永乐。

明末农民起义

明末农民起义是爆发于明末的一场农民战争。当时正是明朝末期，阶级矛盾日益尖锐，天灾人祸不断发生。明末政治腐败，农村破产，压迫剥削日益加重，陕西又逢旱灾，人民无法生活。

端午节

端午节为每年农历五月初五，又称端阳节、午日节、五月节等。端午节是中国汉族人民纪念屈原的传统节日，更有吃粽子，赛龙舟，挂菖蒲、蒿草、艾叶，薰苍术、白芷，喝雄黄酒的习俗。

明私家园林

　　明代是我国园林建筑艺术的集成时期，封建士大夫们为了满足家居生活的需要，还在城市中大量建造以山水为骨干、饶有山林之趣的宅园，作为日常聚会、游息、宴客、居住等用途。封建士大夫的私家园林多建在城市之中或近郊。在不大的面积内，追求空间艺术的变化，风格素雅精巧，达到平中求趣，拙间取华的意境，满足以欣赏为主的要求。宅园多是因阜掇山，因洼疏地，亭、台、楼、阁众多，植以树木花草的"城市山林"，几乎遍布全国各地。比较集中的地方有北方的北京，南方的苏州、扬州、杭州、南京。其中江南私家园林是最典型的代表。江南私家园林大都是封建文人、士大夫及地主经营的，比起皇家园林来可说是小本经营，所以更讲究细部的处理和建筑的玲珑精致。江南私家园林建筑的室内普遍陈设有各种字画、工艺品和精致的家具。这些工艺品和家具与建筑功能相协调，经过精心布置，形成了我国园林建筑特有的室内陈设艺术，这种陈设又极大地突出了园林建筑的欣赏性。明清江南私家园林的造园意境达到了自然美、建筑美、绘画美和文学艺术的有机统一。与一般艺术不同的是，它主要是由建筑、山水、花木组成的综合艺术品。成功的园林艺术，它既能再现自然山水美，又高于自然，而又不露人工斧凿的痕迹。

常家庄园后花园

北京

北京位于华北平原北端，东南与北方经济中心天津相连，其余为河北省所环绕。北京有着3000多年的建城史和850多年的建都史，是"中国四大古都"之一，最早见于文献的名称为"蓟"。

南京

南京，华东第二大城市，中国科教第三城，中国国家区域中心城市，国家重要的政治、军事、科教、文化、工业和金融商业中心，综合交通枢纽。

杭州

杭州位于中国东南沿海北部，其历史源远流长，自秦设县治以来，已有2200多年历史。有"上有天堂、下有苏杭"的美誉。

静 思 园

    静思园是江南古典园林之一，位于苏州吴江市近郊，占地将近7万平方米。园中建筑小巧别致，有鹤亭桥、小垂虹、静远堂、天香书屋、庞山草堂、苏门砖雕和盆景园、历代科学家碑廊、咏石诗廊等景点。

    静思园中最不可错过的便是石头，这些由5亿年前火山喷发岩浆冷却后形成的"灵璧石"，是中国最为著名和难得的奇石，石质坚硬而润泽，颜色有紫、黑、灰等，造型有神龟、飞马腾空、虎吼、狮跃等，自然造化，鬼斧神工。静思园的镇园之宝——庆云峰是被奇石收藏界人士叹为观止的奇石，高9.1米，重136吨，通体1600余孔，孔孔皆通。若峰底举燧，百窍生烟；顶端注水，千泉泄玉，据考证为灵璧宋花石纲老坑遗物。

苏州

    苏州物华天宝，人杰地灵，被誉为"人间天堂"，素来以山水秀丽、园林典雅而闻名天下，有"江南园林甲天下，苏州园林甲江南"的美称，又因其小桥流水人家的水乡古城特色，而有"东方威尼斯"的美誉。

庆云峰

灵璧巨石"庆云峰"，高9.1米、宽2.95米、厚2.24米、重136吨。此石原为灵璧宋花石纲老坑遗石，距今约五亿年，为寒武纪海相沉积环境产物。

园林石

园林石，无石不成园，石头成为中国古典园林中最基本的造园要素之一，正是因为具备了象外之象、景外之景的生发能力，从而也成为园林意境营造的最佳要素。

吴江静思园

静思园

影　园

瘦西湖

　　相传约在明代万历末年到天启初年，扬州盐商郑元勋为奉养母亲，请住镇江的造园名家计成过江为他造园，园址选在扬州城外西南隅，荷花池北湖，二道河东岸中长屿上。《扬州画舫录》记载，"崇祯五年，郑元勋的好友董其昌到扬州，与郑元勋谈论六法，这时园已基本竣工，前后夹水，隔水蜀冈蜿蜒起伏，尽作山势，柳荷千顷，葍苇生之。园户东向，隔水南城脚岸皆植桃柳，人呼为'小桃源'。入门山径数折，松杉密布，间以梅杏梨栗。山穷，左荼蘼架，架外丛苇，渔罟所聚，右小涧，隔涧疏竹短篱，篱取古木为之。郑元勋就请董其昌为这座园子题个名，董其昌说园中柳影、水影、山影相映成趣，叫影园如何？郑元勋拍手叫绝，董其昌随即挥毫题写'影园'匾额。" 董其昌离开扬州后，又过了两年，直到崇祯七年，影园才全部竣工，这座园子营建花了十来年的工夫，影园被列为清初扬州八大名园之一，康熙中期以后，随着郑元勋的冤死，家道渐败，影园也渐废，如今只剩下遗址。

扬州

　　扬州，中国历史文化名城，地处江苏省中部，长江下游北岸，江淮平原南端，是上海经济圈和南京都市圈的节点城市。向南接纳苏南、上海等地区经济辐射，素有"竹西佳处，淮左名都"之称。

崇祯

　　明思宗朱由检（1610年—1644年），明朝第十六位皇帝，明朝亡国之君，明光宗第五子，明熹宗异母弟，母为淑女刘氏，年号崇祯。

董其昌

　　董其昌（1555年—1636年），字玄宰，号思白、香光居士，汉族，南直隶松江府华亭（今上海松江）人，明代官吏、著名书画家。

清代皇家园林

　　清朝时期（1616年—1911年），皇家园林的建设趋于成熟，高潮时期奠定于康熙，完成于乾隆，由于清朝定都北京后，完全沿用明朝的宫殿，这样皇家建设的重点自然地转向于园林方面。那时，从海淀镇到香山，共分布着静宜园、静明园、清漪园（颐和园）、圆明园、畅春园、西花园、熙春园、镜春园、淑春园、鸣鹤园、朗润园、自得园等90多座皇家园林，连绵10余千米，蔚为壮观，此外在北京城外还有许多皇家御苑。其中以圆明园、清漪园（颐和园）、避暑山庄、北海最为出名。

　　较之历代帝王，清代的统治者似乎更热衷于园林的建造。清代的皇家园林，较之历代，其规模似乎也更为宏大，所取得的艺术成就也更高。在康熙、乾隆、慈禧这几个时期，他们先后修建或改建了香山、玉泉山、北海、避暑山庄、颐和园、圆明园等举世闻名的园林。这些园林，都是世界造园史上堪称典范的作品。

康熙

　　清圣祖仁皇帝爱新觉罗·玄烨（1654年—1722年），即康熙帝，清朝第四位皇帝、清定都北京后第二位皇帝。年号康熙：康，安宁；熙，兴盛至取万民康宁、天下熙盛的意思。

颐和园

乾隆

　　清高宗爱新觉罗·弘历（1711年—1799年），清朝第六位皇帝，定都北京后第四位皇帝。年号乾隆，寓意"天道昌隆"。他25岁登基，在位六十年，退位后当了三年太上皇。

熙春园

　　熙春园位于福建邵武城西，占地面积38公顷，这里依山傍水，风景秀美。园内有宋、元、明、清各代古建筑遗址和风景名胜多处，其中尤以沧浪阁、熙春朝阳、越王台等10余处景点最为出名。

清代西苑

大明官太液池

清代西苑即今天中南海。它位于北京市西长安街北侧，北海之南。中南海是中海和南海的统称。明朝以前曾称为太液池、西海子和西苑。中南海始建于辽代，金、元、明、清各代均不断扩建，数百年来一直是皇家园林，建筑绝大部分为清代建构。中南海总面积100万平方米，其中水域面积约46万平方米。南海与中海是以蜈蚣桥为界，中海与北海以金鳌玉栋桥为界。

南海主要建筑有宝月楼、瀛台、怀仁堂、海晏堂等。宝月楼现为中南海南门，重楼重檐，面阔七间，为乾隆年间所建，现称新华门。瀛台为半岛，三面临水，居南海之中，其建筑群雕梁画栋，布局紧凑合理，如海上蓬莱，故名为瀛台。这里为帝王处理朝政的场所，也曾是在戊戌变法失败后，囚禁光绪皇帝的地方。主要建筑有勤政殿，翔鸾阁、涵元殿，蓬莱阁，丰泽园等。居中海、南海之间的陆地建筑，有紫光阁、蕉园、万善殿、水云榭等。紫光阁居中海西北岸，为清王朝追念先杰之地，也是设功臣宴之地。蕉园居中海东北岸，内有万善殿，水云榭等建筑，其中水云榭建于碧水之上，内有乾隆所书"太液秋风"御碑，是著名的燕京八景之一。

辽朝

辽朝（907年—1125年），是中国五代十国和北宋时期以契丹族为主体建立，统治中国北部的封建王朝。辽朝原名契丹，后改称"辽"。

金朝

金朝（1115年—1234年），或称大金、金国、金朝，是位于今日中国东北地区的女真族建立的一个政权，创建人为金太祖完颜旻，国号金，建于1115年，建都会宁府（今黑龙江省哈尔滨市阿城区）。

燕京八景

燕京八景是老北京著名的八处景点，包括太液秋风、琼岛春阴、金台夕照、蓟门烟树、西山晴雪、玉泉趵突、卢沟晓月、居庸叠翠。

圆 明 园

　　圆明园，坐落在北京西郊海淀区，与颐和园紧相毗邻。它始建于康熙46年，由圆明园、长春园、绮春园三园组成。有园林风景百余处，建筑面积超过16万平方米，是清朝帝王在150多年间创建和经营的一座大型皇家宫苑。1860年10月，圆明园遭到英法联军的洗劫和焚毁，此事件成为中国近代史上的一页屈辱史。

　　康熙四十六年（1707），圆明园已初具规模。同年十一月，康熙皇帝曾亲临圆明园游赏。雍正皇帝于1723年即位后，拓展圆明园，并在园南增建了正大光明殿和勤政殿以及内阁、六部、军机处诸值房，御以"避喧听政"。乾隆皇帝在位60年，对圆明园岁岁营构，日日修华，浚水移石，费银千万。他除了对圆明园进行局部增建、改建之外，还在紧东邻新建了长春园，在东南邻并入了绮春园。至乾隆三十五年，圆明三园的格局基本形成。嘉庆朝，主要对绮春园进行修缮和拓建，使之成为主要园居场所之一。道光朝时，国事日衰，财力不足，但宁可撤掉万寿、香山、玉泉"三山"的陈设，罢热河避暑与木兰狩猎，仍不放弃圆明三园的改建和装饰。

雍正

　　雍正，清世宗爱新觉罗·胤禛（1678年—1735年），满族，母为康熙孝恭仁皇后乌雅氏，清圣祖玄烨第四子，是清朝入关后第三位皇帝，1722年至1735年在位，年号雍正，庙号世宗。

圆明园

圆明园

长春园

　　长春园在圆明园东侧，始建于1745年前后。此地原为康熙大学士明珠自怡园故址，有较好的园林基础，两年后该园中西路诸景基本成型，1751年正式设置管园总领。

绮春园

　　绮春园成园于乾隆年间，虽然乾隆皇帝是它的始作俑者，绮春园的主要营建工作却是在嘉庆皇帝手里完成的。嘉庆皇帝曾经效仿他的父皇，把绮春园归纳为"绮春园三十景"。

承德避暑山庄

　　承德避暑山庄曾是中国清朝皇帝的夏宫，距离北京180千米，由皇帝宫室、皇家园林和宏伟壮观的寺庙群所组成。避暑山庄位于承德市中心区以北，武烈河西岸一带狭长的谷地上，山庄的建筑布局大体可分为宫殿区和苑景区两大部分，苑景区又可分成湖区、平原区和山区三部分。其内有康熙乾隆钦定的72景，拥有殿、堂、楼、馆、亭、榭、阁、轩、斋、寺等建筑100余处，是中国三大古建筑群之一，它的最大特色是山中有园，园中有山。

　　避暑山庄兴建后，清帝每年都有大量时间在此处理军政要

承德避暑山庄

事，接见外国使节和边疆少数民族政教首领。这里发生的一系列重要事件、重要遗迹和重要文物，成为中国多民族统一国家最后形成的历史见证。

避暑山庄及周围寺庙是一个紧密关联的有机整体，同时又具有不同风格的强烈对比，避暑山庄朴素淡雅，其周围寺庙金碧辉煌。这是清帝处理民族关系重要举措之一。

承德

承德，旧称"热河"，位于河北省东北部，是首批24个国家历史文化名城之一、中国十大风景名胜之一、旅游胜地四十佳之一、国家重点风景名胜区，是国家甲类开放城市。

榭

榭建于水边或者花畔，借以成景，平面常为长方形，一般多开敞或设窗扇，以供人们游憩，眺望。水榭则要三面临水。

中国三大古建筑群

中国三大古建筑群，即北京故宫、曲阜孔庙和承德避暑山庄，中国三大古建筑群均已列入世界文化遗产名录。

颐　和　园

颐和园是中国现存规模最大、保存最完整的皇家园林，中国四大名园（另三座为承德避暑山庄、苏州拙政园、苏州留园）之一。位于北京市海淀区，距北京城区15千米，占地约290公顷。颐和园利用昆明湖、万寿山为基址，以杭州西湖风景为蓝本，汲取江南园林的某些设计手法和意境而建成的一座大型天然山水园，也是保存得最完整的一座皇家行宫御苑，被誉为皇家园林博物馆。

颐和园始建于1750年，1764年建成，面积290公顷，水面约占3/4。乾隆继位以前，在北京西郊一带，已建起了四座大型皇家园林，从海淀到香山这四座园林自成体系，相互间缺乏有机的联系，中间的"瓮山泊"成了一片空旷地带。1750年，乾隆皇帝为孝敬其母孝圣宪皇后，动用448万两白银将这里改建为清漪园，以此为中心把两边的四个园子连成一体，形成了从现清华园到香山长达20千米的皇家园林区。1860年，清漪园被英法联军焚毁。1888年，慈禧太后以筹措海军经费的名义动用银两，由样式雷的第七代传人雷廷昌主持重建，改称颐和园，作消夏游乐地。到1900年，颐和园又遭"八国联军"的破坏，许多珍宝被劫掠一空。1903年修复。后来在军阀混战、国民党统治时期，又遭破坏，1949年之后政府不断拨款修缮。

颐和园

昆明湖

　　昆明湖位于北京的颐和园内，约为颐和园总面积的3/4。它原为北京西北郊众多泉水汇聚成的天然湖泊，曾有七里泺、大泊湖等名称。

孝圣宪皇后

　　清世宗孝圣宪皇后，钮祜禄氏，生于1693年，满洲镶黄族人四品典仪官凌柱之女，十三岁时入侍雍和宫邸，号格格，为雍王胤禛藩邸格格。她被尊为圣母皇太后。

慈禧太后

　　慈禧太后（1835年—1908年），叶赫那拉氏，名杏贞，出身于满洲镶蓝旗，咸丰皇帝的妃子，同治皇帝的生母，她以皇太后的身份垂帘听政或临朝称制。

清私家园林

私家园林

　　清代贵族、官僚、地主、富商的私家园林多集中在物资丰裕、文化发达的城市和近郊，不仅数量大大超过明代，而且逐渐显露出造园艺术的地方特色，形成北方、江南、岭南三大体系。在清初的康熙、乾隆时代，江南私家园林多集中在交通发达、经济繁盛的扬州地区，乾隆以后苏州转盛，无锡、松江、南京、杭州等地亦不少。如扬州瘦西湖沿岸的二十四景（实际一景即为一园），扬州城内的小盘谷、片石山房、何园、个园，苏州的拙政园、留园、网师园，无锡的寄畅园等，都是著名的园林。江南气候温和湿润，水网密布，花木生长良好等，都对园林艺术格调产生影响。江南宅园建筑轻盈空透，翼角高翘，又使用了大量花窗、月洞，空间层次变化多样。植物配置以落叶树为主，兼配以常绿树，再辅以青藤、篁竹、芭蕉、葡萄等，做到四季常青，繁花翠叶，季季不同。江南叠山用石喜用太湖石与黄石两大类，或聚垒，或散置，都能做到气势连贯，可仿出峰峦、丘壑、洞窟、峭崖、曲岸、石矶诸多形态，且太湖石以其透、漏、瘦的独特形体还可作为独峰欣赏。建筑色彩崇尚淡雅，粉墙青瓦，赭色木构，有水墨渲染的清新格调。

无锡

无锡，位于江苏省南部，长江三角洲平原腹地，太湖流域的交通中枢，北倚长江，南濒太湖，东接苏州，西连常州，京杭大运河从中穿过。运河绝版地、江南水弄堂就位于无锡。

松江

松江区位于上海市西南，黄浦江上游，距上海市中心39千米。松江古称华亭，别称云间，唐天宝十年置华亭县，后改称松江县。

地主

地主指在社会处于封建特征的时期，具备土地作为产业资本的一个阶级的人的简称。在东方和西方社会，有着不同的概念。

小 盘 谷

　　江苏省扬州市小盘谷在丁家湾大树巷内，是清代光绪三十年两江总督周馥购得徐氏旧园重修而成。园内假山峰危路险，苍岩探水，溪谷幽深，石径盘旋，故而得名"小盘谷"。

　　小盘谷园门月洞形，嵌隶书"小盘谷"石额。园门前以火巷将住宅与园隔开。园内以花墙隔为东西两个庭院。西院右边有石假山一座，左边建设了两人曲尺形的楠木花厅三间，厅后开辟了一方清池。穿越石桥，便可以看见一处幽洞，幽洞在假山腹部，有许多孔穴，彩光良好，阳光可以从上面照射下来，透过旁边的孔洞又可以观赏园景。

　　小盘谷布局严密，因地制宜，随形造景。园中山、水、建筑和岸道安排，无不别具匠心。岩壁险峻，谷洞深曲，廊、厅随地形曲直，虽为人工所筑，却宛如天然图画。园内北部临池依墙的湖石假山，叠艺高超，过去一直以"九狮图山"相称。

道光

　　道光是清宣宗道光皇帝的年号（1821年—1850年）。清宣宗道光（成）皇帝（1782年—1850年），名爱新觉罗·绵宁后改为爱新觉罗·旻宁，满族。嘉庆病死后继位，是清入关后的第六个皇帝，在位28年，病死，终年69岁。

扬州古运河

周馥

周馥（1837年—1921年），安徽建德人。清同治九年，以道员身份留直隶补用，其间积极筹划建立北洋海军事宜，同时还创办了中国第一所武备学堂——天津武备学堂。

隶书

隶书，亦称汉隶，是汉字中常见的一种庄重的字体，书写效果略微宽扁，横画长而直画短，呈长方形状，讲究"蚕头雁尾"。隶书起源于秦朝，由程邈形理而成，在东汉时期达到顶峰，书法界有"汉隶唐楷"之称。

小盘谷

97

个　　园

扬州个园

　　清代扬州的盐商营造的园林，至今还保留着许多优秀的古典园林，其中历史最悠久、保存最完整、最具艺术价值的，要算坐落在古城北隅的"个园"了。

　　个园是一个典型的私家住宅园林，建于清嘉庆年。从住宅进入园林，首先映入眼帘的是月洞形园门。门上石额书写"个园"二字，"个"者，竹叶之形，主人名"至筠"，"筠"亦借指竹，以为名"个园"，点明主题。园门两侧各种竹子枝叶扶疏，"月映竹成千个字"，与门额相辉映；白果峰穿插其间，如一根根茁壮的春笋。主人以春景作为游园的开篇，想是有"一年之计在于春"的含意吧！透过春景后的园门和两旁典雅的一排漏窗，又可瞥见园内景色，楼台、花树映现其间，引人入胜。进入园门向西拐，是与春景相接的一大片竹林。竹林茂密、幽深，与那几棵琼花展现出了生机勃勃的春天景象。

个园四季假山各具特色，表达出"春山艳冶而如笑，夏山苍翠而如滴，秋山明净而如妆，冬山惨淡而如睡"和"春山宜游，夏山宜看，秋山宜登，冬山宜居"的诗情画意。个园旨趣新颖，结构严密，是中国园林的孤例，也是扬州著名的园景之一。

嘉庆

嘉庆（1796年—1820年）为中国清朝第五位皇帝清仁宗爱新觉罗颙琰的年号，前后共25年。

黄至筠

黄至筠（1770年—1838年），又称黄应泰，字韵芬，又字个园。原籍浙江，因经营两淮盐业，而著籍扬州府甘泉县，清嘉道年间为八大盐商之一。

个园春景

听罢万箫吟见，前面就是个字园门，门外两边修竹劲挺，高出墙垣，作冲霄凌云之姿。竹丛中，插植着石绿、石笋，以"寸石生情"之态，状出"雨后春笋"之意。

瘦　西　湖

　　瘦西湖园林群景融南秀北雄为一体，在清代康乾时期即已形成基本格局，有"园林之盛，甲于天下"之誉。所谓"两岸花柳全依水，一路楼台直到山"，其名园胜迹，散布在窈窕曲折的一湖碧水两岸，俨然一幅次第展开的国画长卷。

　　隋唐时期，瘦西湖沿岸陆续建园。至清代，由于康熙、乾隆两代帝王六次"南巡"，形成了"两岸花柳全依水，一路楼台直到山"的盛况。瘦西湖风景区是蜀冈至瘦西湖国家重点风景名胜区的核心和精华部分。

　　瘦西湖景区现有：冶春园、绿杨村、叶园、长春岭、琴室、

瘦西湖

木樨书屋、棋室、月观、梅岭春深、湖上草堂、绿荫馆、吹台、二十四桥景区等景点。在瘦西湖"L"形狭长河道的顶点上，是眺景最佳处，由历代挖湖后的泥堆积成岭，登高极目，全湖景色尽收眼底，有"湖上蓬莱"之称。

瘦西湖御码头

天宁寺为扬州名刹，始建于晋代。康熙帝五次南巡，每次都在天宁寺西园的行宫内居住，寺下是他上下龙舟的码头。

瘦西湖四桥烟雨

它位于扬州市瘦西湖东岸，与小金山隔湖相望。建于清康熙年间，乾隆南巡时，赐名"趣园"。园景久废。1960年秋，于旧址建四桥烟雨楼，楼高二层，面西三楹，四面廊。登楼极目远眺，诸桥形态各异。

瘦西湖五亭桥

五亭桥位于我国江苏省扬州市，建于乾隆二十二年，是仿北京北海的五龙亭和十七孔桥而建的，建筑风格既有南方之秀，也有北方之雄。

拙　政　园

　　拙政园，江南园林的代表，苏州园林中面积最大的古典山水园林，位于苏州市东北街一百七十八号，始建于明朝正德年间。今园辖地面积5万多平方米，开放面积约4万平方米，其中园林中部、西部及晚清张之万住宅（今苏州园林博物馆旧馆）为晚清建筑园林遗产，约2.5万平方米。拙政园是中国四大名园之一，全国重点文物保护单位，国家5A级旅游景区，全国特殊旅游参观点，被誉为"中国园林之母"。

　　拙政园的布局疏密自然，其特点是以水为主，水面广阔，景色平淡、疏朗自然。它以池水为中心，楼阁轩榭建在池的周围，其间有漏窗、回廊相连，园内的山石、古木、绿竹、花卉，构成了一幅幽远宁静的画面，代表了明代园林建筑风格。整个园林建筑仿佛浮于水面，加上木映花承，在不同境界中产生不同的艺术情趣，如春日繁花丽日，夏日蕉廊，秋日红蓼芦塘，冬日梅影雪月，四时宜人，处处有情，面面生诗，含蓄曲折，余味无尽，不愧为江南园林的典型代表。

张之万

　　张之万（1811年—1897年），清代官吏，张之洞兄，字子青，号銮坡，直隶南皮（今属河北）人，道光二十七年进士，同治间署河南巡抚，移督漕运，历江苏巡抚、闽浙总督，光绪中官至东阁大学士，画承家学，山水用笔绵邈，骨秀神清，为士大夫画中逸品。

正德

正德（1506年—1521年）是明武宗的年号。明朝使用正德这个年号一共16年。正德十六年四月明世宗即位沿用。

拙荆园涵青亭

拙荆园涵青亭居于一隅，空间范围比较逼仄。整座亭子犹如一只展翅欲飞的凤凰，给本来平直、单调的墙体增添了飞舞的动势。

拙政园

苏州拙政园

留　园

苏州园林

　　留园是中国著名古典园林，位于江南古城苏州，以园内建筑布置精巧、奇石众多而知名。它与苏州拙政园、北京颐和园、承德避暑山庄并称中国四大名园。

　　留园位于苏州阊门外，原是明嘉靖年间太仆寺卿徐泰时的东园。园内假山为叠石名家周秉忠(时臣)所作。清嘉庆年间，刘恕以故园改筑，名寒碧山庄，又称刘园。同治年间盛旭人的儿子即盛宣怀购得此园，重加扩建，修葺一新，取留与刘的谐音，始称留园。科举考试的最后一个状元俞樾作《留园游记》称其为吴下名园之冠。留园内建筑的数量在苏州诸园中居冠，厅堂、走廊、粉墙、洞门等建筑与假山、水池、花木等组合成数十个大小不等的庭园小品。其在空间上的突出处理，充分体现了古代造园家的高超技艺、卓越智慧和江南园林建筑的艺术风格。

冠云峰

留园内的冠云峰是太湖石中的绝品，齐集太湖石"瘦、皱、漏、透"四奇于一身，相传这块奇石还是宋末年花石纲中的遗物。

楠木殿

楠木殿是对"五峰仙馆"的俗称，"五峰"源于李白的诗句："庐山东南五老峰，晴天削出金芙蓉"。

雨过天晴图

留园的五峰仙馆内保存有一件号称"留园三宝"之一的大理石天然画——雨过天晴图。

留园

半 亩 园

　　半亩园是清初兵部尚书贾汉复的宅园，位于北京东城黄米胡同，今仅存遗迹。据记载，园内垒石成山，引水为沼，平台曲室，有幽有旷；结构曲折、陈设古雅，富丽而不失书卷气。清朝时半亩园有房舍180余间，为三路五进四合院，北抵亮果厂路南，南抵牛排子胡同路北。其名为半亩，实际半亩有余。半亩园是李渔设计的，李渔的设计理念："因地制宜，不拘成见，一榱一椽，必令出自己裁"。他崇尚新奇大雅，独出一帜，以叠石著名、引水作沼，平台曲室，奥如旷如。道光四十一年此园为河道总督麟庆所居，并对宅院重新修缮，不仅恢复原貌，更增添许多

宅院

景观，既简静清新，又铺陈古雅。游之观之使人心旷神怡，是半亩园的鼎盛时期。麟庆为官时，走遍中国，游历颇丰，晚年将自己的经历请画家绘出形成了鸿雪因缘图记，共收图240幅，逐图撰写图记，其中记录了半亩园的全景图和局部图，也是现在研究李渔建筑思想的珍贵资料。园内布局曲折回合，山石嶙峋，朴素大方但不乏妙趣。内有正堂名云荫堂，旁边的拜石轩，园中叠石均出自李渔之手。

贾汉复

贾汉复（1605年—1677年），清初名臣、名将，字胶侯，号静庵，山西曲沃安吉人。

李渔

李渔（1611年—1680年），初名仙侣，后改名渔，字谪凡，号笠翁，汉族，浙江金华人，明末清初文学家、戏曲家。他18岁补博士弟子员，在明代中过秀才，入清后无意仕进，从事著述和指导戏剧演出。

黄米胡同

黄米胡同位于中国美术馆北侧，属景山街道办事处管辖，是呈南北走向的死胡同，北起美术馆后街，南不通行，东邻美术馆东街，西靠东黄城根北街。它全长196米，宽6米，沥青路面。

余荫山房

　　余荫山房，又名余荫园，位于广州市番禺区南村镇东南角北大街，距广州17千米。余荫山房为清代举人邬彬的私家花园，始建于清代同治三年，距今已有140多年的历史。园占地面积1598平方米，以小巧玲珑、布局精细的艺术特色著称。余荫山房的布局十分巧妙。园中亭台楼阁、堂殿轩榭、桥廊堤栏、山山水水尽纳于方圆三百步之中。园中之砖雕、木雕、灰雕、石雕等四大雕刻作品丰富多彩，尽显名园古雅之风。更有古树参天，奇花夺目，顿使满园生辉。而园中"夹墙竹翠"、"虹桥印月"、"深柳藏珍"、"双翠迎春"等四大奇观，使游人大开眼界，乐而忘返。

　　余荫山房与顺德的清晖园、东莞的可园、佛山的梁园，合称为清代广东四大名园，而且余荫山房是四大名园中保存原貌最好的古典园林，是典型的岭南园林建筑。1989年6月广东省人民政府公布其为文物保护单位。

邬彬

　　邬彬，字燕天，番禺南村（广州市番禺区南村镇）人，清朝同治六年(1867年)举人，官至刑部主事，任七品员外郎，辞职后回乡以其祖父邬余荫之名建余荫山房。他两个儿子也先后中举，有"一门三举人，父子同登科"之说。

余荫山房巷道

余荫山房

同治

同治，清代清穆宗爱新觉罗·载淳的年号，时间为公元1862年至公元1875年。经济上，他采用洋务派"自强"和"求富"的方针，开办一些新式工业，训练海军和陆军以加强政权实力，被清朝统治阶级称为"同治中兴"。

砖雕

砖雕是中国古建雕刻艺术及青砖雕刻工艺品，被列为国家级非物质文化遗产名录。它由东周瓦当、汉代画像砖等发展而来。在青砖上雕出山水、花卉、人物等图案，是古建筑雕刻中很重要的一种艺术形式。

江南园林

　　江南气候温和，水量充沛，物产丰盛，自然景色优美。晋室南迁后，渡江中原人士促进了江南地区经济和文化的发展，为园林的营建创造了条件。东晋士大夫崇尚清高，景慕自然，或在城市建造宅园，或在乡野经营园圃。前者如士族顾辟疆营园于吴郡，后者如诗人陶渊明辟三径于柴桑。皇家苑囿则追求豪华富丽。建康为六朝都城，宋有乐游苑，齐有新林苑。唐诗人白居易任苏州刺史时，首次发现太湖石的抽象美，用于装点园池，导后世假山洞壑之渐。南宋偏安江左，在江南地区营造了不少园林，临安、吴兴是当时园林的集聚点，蔚为江南巨观。明清时代，江南园林续有发展，尤以苏州、扬州两地为盛。

　　尽管江南园林极盛时期早已过去，但目前剩余名迹数量仍居全国之冠，其中颇多为太平天国战争之后以迄清末所建。早期园林遗产，如扬州平山堂肇始于北宋，苏州沧浪亭和嘉兴烟雨楼均始建自五代，嘉兴落帆亭始建自宋代，易代修改，已失原貌。苏州留园和拙政园、上海豫园、南翔明闵氏园等规模尚在。

陶渊明

　　陶渊明（约365年—427年），字元亮，号五柳先生，世称靖节先生，东晋末期南朝宋初期诗人、文学家、辞赋家、散文家，东晋浔阳柴桑（今江西省九江市）人。

东晋

东晋（316年—420年），中国朝代名，是由西晋皇室后裔司马睿在南方建立起来的朝廷，统治范围因为中原陆沉，形成特殊的统治形式。

刺史

刺史，职官，汉初，文帝以御史多失职，命丞相另派人员出刺各地，不常置。汉武帝元封五年始置，"刺"，检核问事的意思。

江南园林

111

北方园林

　　北方园林的特色在皇家、寺观、私家园林中都有表现，主要表现在前朝后寝、轴线对称、一池三山、仿景缩景、障景漏景等方面，从内容的布局特点上看，主要表现为儒道佛三家对园林的渗透。

　　前朝后寝，指园林的后园式布局，与日本园林、岭南园林不同。前朝后寝在园林中主要表现为两方面，一是园与宅关系上，园林居于宫殿、住宅的后部或侧位，二是园内游与居关系上，居在前、游在后。轴线对称，是北方园林最明显的特点。皇家、私家、寺观皆如此，只不过在轴线和对称的程度上有所差别而已。一池三山，是中国传统园林，直至现代园林中表现最多的布局形

趵突泉

式，而且成为定制。仿景缩景，当然不是北方园林的发明，早在秦朝就开始了，秦始皇每破诸侯，写仿其宫室于咸阳北阪上，到了金、元、明、清定都北京之时，随着康乾二帝南巡盛典的一度掀起，异地仿景和缩景达到了高潮。障景和漏景是一对概念。北方园林的障景表现为严密性，从围墙的障景上看，大凡墙隔较少漏窗，即使有漏窗，也是较为厚重的花式或直接玻璃屏蔽。

寺观之狗

寺观之狗是古代民俗中风水里面的名词，指庚戌年出生的人，出自三命汇通论，是算命的一种。寺观之狗命在六十庚戌中，对应庚戌年。即生于庚戌年的人，都是"寺观之狗"命。

岭南

岭南是指中国南方的五岭之南的地区，相当于现在广东、广西、海南全境，以及湖南、江西等省的部分地区。

北方

北方指中国东部季风区的北部，主要是秦岭至淮河一线以北，大兴安岭、乌鞘岭以东的地区，东临渤海和黄海。

岭南园林

岭南园林小景

  岭南,是我国南方五岭之南的概称,其境域主要涉及福建南部、广东全部、广西东部及南部,位于欧亚大陆的东南边缘,处于低纬。北有五岭为屏障,南濒南海,多山少地,河网纵横,受着强烈阳光的照射和海陆季风的影响,岭南山清水秀,植物繁茂,一年四季郁郁葱葱,呈现出一派典型的亚热带和热带自然景观。自古以来,岭南人民创造了丰富多彩、风格各异的古园林,这是中国园林极其重要的组成部分。

  自然景观所形成的自然园林和适合于岭南人生活习惯的私家园林,不同北方园林的壮丽,江南园林的纤秀,而具有轻盈、自在与敞开的岭南特色。据历史记载，岭南园林始建于南越帝赵佗，效仿秦皇宫室园囿，在越都番禺大举兴宫筑苑。现存的九曜园，其前身就是仙湖遗迹，把岭南的皇家宫苑推上了顶峰，尔后随着割据政权的衰亡，岭南皇家园林也就销声匿迹，但随着岭南社会经济的逐步上升、文化艺术的发展和海内外日益频繁的交流，岭南园林逐渐呈现越来越浓厚的地方民间色彩。

南越

南越（前203年—前111年），是秦朝将灭亡时，由南海郡尉赵佗起兵兼并桂林郡和象郡后于前204年建立，于前111年为汉武帝所灭，传五世，历经93年。

赵佗

赵佗（约前240年—前137年），汉族，秦朝恒山郡真定县（今中国河北省正定县）人，秦朝著名将领，南越国创建者。赵佗是南越国第一代王和皇帝，前203年至前137年在位，号称"南越武王"或"南越武帝"。

九曜园

九曜园遗址位于中国广州市越秀区教育路，又名药洲，湖中建洲，在此炼丹求仙药，故称药洲。湖中有瑰奇怪石九块，称为九曜石。沿湖有亭、楼、馆、榭，风景甚美。

少数民族园林

　　我国是一个多民族的国家，作为中华民族大家庭成员的各个少数民族，在各自的历史上都创造了丰富、灿烂的文化，例如云南的少数民族园林。因地理条件、历史条件限制，云南的园林起源较中原地区晚，形式起初多为集市、仪式所用，分化不明显，与自然山水环境融合，并不断加建、丰富。在长期的发展变化中，受中原地区文化的影响，出现了多种类型的园林形式，根据云南特殊的历史文化背景和园林发展状况，可将云南地区少数民族园林分为以下四种类别：山水园林、城市园林、村寨园林和宗教园林。云南少数民族园林的发展水平是云南经济与文化发展进程的一个重要体现，它既能展示云南的资源特色，又能展示云南经济、文化的发展水平。然而云南地区少数民族园林的现状也颇令人担忧。

少数民族

　　少数民族指的是多民族国家中人数最多的民族以外的民族，在我国指汉族以外的民族，如蒙古、回、藏、维吾尔、哈萨克、苗、彝、壮、布依、朝鲜、满等民族。

壮族

壮族，是中国人口最多的少数民族，主要分布在广西、云南、广东和贵州等省区。1949年中华人民共和国成立后统称"僮族"（"僮"与"壮"同音），直到周恩来倡议在1965年改"僮"为"壮"。

回族

回族是中国分布最广的少数民族，在居住较集中的地方建有清真寺，又称礼拜寺。

云南民族村

少数民族园林

寺庙园林

　　寺庙园林，指佛寺、道观、历史名人纪念性祠庙的园林，为中国园林的四种基本类型（自然园林、寺庙园林、皇家园林、私家园林）之一。狭义的寺庙园林指方丈之地，广义指整个宗教圣地，其实际范围包括寺庙周围的自然环境，是寺庙建筑、宗教景物、人工山水和天然山水的综合体。一些著名的大型寺庙园林，往往历经成百上千年的持续开发，积淀着宗教史迹与名人历史故事，题刻下历代文化雅士的摩崖碑刻和楹联诗文，使寺庙园林蕴含着丰厚的历史和文化游赏价值。

　　寺庙园林是中国园林的一个分支，论其数量，它比皇家园林、私家园林的总和要多几百倍；论其特色，它具有一系列不同于皇家园林和私家园林的特长；论其选址，它突破了皇家园林和私家园林在分布上的局限，可以广布在自然环境优越的名山胜地。论其优势，自然景色的优美，环境景观的独特，天然景观与人工景观的高度融合，内部园林气氛与外部园林环境的有机结合，都是皇家园林和私家园林所望尘莫及的。

中国园林

　　中国园林有着悠久的历史，它那"虽由人作，宛自天开"的艺术原则，那集传统建筑、文学、书画、雕刻和工艺等艺术于一体的综合特性，在世界园林史上独树一帜，享有很高的地位。

欧洲园林

欧洲园林是以古埃及和古希腊园林为渊源，以法国古典主义园林和英国风景式园林为优秀代表，以规则式和自然式园林构图为造园流派，分别追求人工美和自然美的情趣。

苑囿

划定一定范围的（如墙垣等），具有生产、游赏等功能的皇家专属领地称苑囿。先秦时多称"囿"，汉多称为"苑"。"苑囿"合称也较为常见。

寒山寺观音峰

寺庙园林

119

大 觉 寺

　　大觉寺又被称为西山大觉寺，大觉禅寺，位于北京市海淀区阳台山麓，始建于辽代咸雍四年（1068年），称清水院，金代时大觉寺为金章宗西山八大水院之一，后改名灵泉寺，明重建后改为大觉寺。大觉寺以清泉、古树、玉兰、环境优雅而闻名。寺内共有古树160株，有1000年的银杏、300年的玉兰、古娑罗树、松柏等。大觉寺的玉兰花与法源寺的丁香花和崇效寺的牡丹花一起被称为北京三大花卉寺庙。大觉寺八绝：古寺兰香、千年银杏、老藤寄柏、鼠李寄柏、灵泉泉水、辽代古碑、松柏抱塔、碧韵清池。

　　寺庙坐西朝东，殿宇依山而建，自东向西由天王殿，大雄宝殿，无量寿佛殿，大悲坛等四进院落组成。此外还有四宜堂，憩云轩，领要亭，龙王堂等建筑，寺内供奉的佛像，造型优美，形象生动，《阳台山清水院创造藏经记》碑，为建寺之年始立，是寺中珍贵文物。

天王殿

　　天王殿又称弥勒殿，是佛教寺院内的第一重殿，殿内正中供奉着弥勒塑像，左右供奉着四大天王塑像，背面供奉韦驮天塑像，因此得名。

古寺兰香

古寺兰香是指四宜堂内的高10多米的白玉兰树，相传为清雍正年间的迦陵禅师亲手从四川移种，树龄超过300岁。玉兰树冠庞大，花大如拳，为白色重瓣，花瓣洁白，香气袭人。

鼠李寄柏

四宜堂院内，古玉兰的西面，有一颗大柏树，在1米多高分成两个主干，在分叉处长出一颗鼠李树，故称鼠李寄柏。

白 云 观

北京白云观

　　白云观是道教全真道派十方大丛林制宫观之一，位于北京，始建于唐，名天长观。金世宗时，引大加扩建，更名十方大天长观，是当时北方道教的最大丛林，并藏有《大金玄都宝藏》。金末毁于火灾，后又重建为太极殿。

　　丘处机赴雪山应成吉思汗聘，回京后居太极宫，元太祖因其道号长春子，诏改太极殿为长春宫。及丘处机羽化，弟子尹志平等在长春宫东侧购建下院，即今白云观，并于观中构筑处顺堂，安厝丘处机灵柩。丘处机被奉为全真龙门派祖师，白云观以此称龙门派祖庭。此观经重修，有彩绘牌楼、山门、灵官殿、玉皇殿、老律堂、邱祖殿和三清四御殿等。1957年成立的中国道教协会地址就设在白云观。

道教全真第一丛林——北京白云观是道教全真三大祖庭之一。新中国成立后，中国道教协会、中国道教学院和中国道教文化研究所等全国性道教组织、院校和研究机构先后设在这里。白云观也是北京少数没被破坏的寺庙之一。

邱祖殿

邱祖殿是奉祀全真龙门派始祖长春真人丘处机。殿内正中摆放着一个巨大的"瘿钵"，是一古树根雕制而成。此钵为清朝雍正皇帝所赐。传说观内道士生活无着落时，可抬着此钵到皇宫募化，宫中必有施舍。丘处机的遗蜕就埋藏于此"瘿钵"之下。

灵官殿

灵官殿，道教庙宇，道教有众多护法神，王灵官就是地位最高的一位护法神，灵官殿内，供奉的就是王灵官。同时灵官殿还是一个乡镇名、一个村名。

中国道教协会

中国道教协会是中国道教徒的宗教组织，是中国道教徒联合的爱国宗教团体和教务组织。会址设于北京白云观，成立于1957年。

法　源　寺

　　法源寺建于唐太宗贞观十九年，是北京最古老的名刹，唐时为悯忠寺，清法源寺雍正时重修并改为今名，1956年在寺内成立中国佛学院，1980年又于寺内建立中国佛教图书文物馆，是中国佛教协会所属的宗教类博物馆。法源寺坐北朝南，形制严整宏伟，六院七进。主要建筑有天王殿，内供弥勒菩萨化身至布袋和尚，两侧为四大天王。大雄宝殿上有乾隆御书"法海真源"匾额，内供释迦牟尼佛及文殊、普贤，两侧分列十八罗汉。观音阁又称悯忠阁，陈列法源寺历史文物。净业堂内供明代五方佛。大悲坛，现辟为历代佛经版本展室，陈列唐以来各代藏经及多种文字经卷，蔚为大观。藏经楼，现为历代佛造像展室，陈列自东汉至明清历代佛造像精品数十尊，各具神韵，尤其是明代木雕佛涅槃像，长约10米，是北京最大卧佛。寺内花木繁多，初以海棠闻名，今以丁香著称，至今全寺丁香成林，花开时节，香飘数里，为京城艳丽胜景。

悯忠阁

　　贞观十九年，唐太宗李世民为哀悼北征辽东的阵亡将士，诏令在此立寺纪念，但未能如愿。武则天于通天元年才完成工程，赐名"悯忠寺"。

大悲坛

　　大悲坛是一座佛教文物的宫殿，这里陈列着历代的佛像、中国最早的佛像至东汉时代的陶制佛坐像、宋代木雕罗汉像、元代铜铸观音像、明代的木雕伏虎罗汉像等。

观音殿

　　观音殿就是原先悯忠阁所在地。"去天一握"的高阁现仅存台基，高1米多，周围砌以砖栏，观音殿则建于台上。

北京法源寺

潭 柘 寺

潭柘寺始建于西晋永嘉元年，寺院初名"嘉福寺"，清代康熙皇帝赐名为"岫云寺"，但因寺后有龙潭，山上有柘树，故民间一直称为"潭柘寺"。素有"先有潭柘寺，后有北京城"的民谚。

潭柘寺规模宏大，寺内占地2.5公顷，寺外占地11.2公顷，再加上周围由潭柘寺所管辖的森林和山场，总面积达121公顷以上。殿堂随山势高低而建，错落有致。北京城的故宫有房9999间半，潭柘寺在鼎盛时期的清代有房999间半，俨然故宫的缩影，据说明朝初期修建紫禁城时，就是仿照潭柘寺而建成的。现潭柘寺共有房舍943间，其中古建殿堂638间，建筑保持着明清时期的

潭柘寺

风貌，是北京郊区最大的一处寺庙古建筑群。整个建筑群充分体现了中国古建筑的美学原则，以一条中轴线纵贯当中，左右两侧基本对称，使整个建筑群显得规矩、严整、主次分明、层次清晰。其建筑形式有殿、堂、阁、斋、轩、亭、楼、坛等，多种多样。寺外有上下塔院、东西观音洞、安乐延寿堂、龙潭等众多的建筑和景点，宛如众星捧月，散布其间，组成了一个方圆数里、景点众多，样式多样，情趣各异的旅游名胜景区。潭柘寺不但人文景观丰富，而且自然景观也十分优美，春夏秋冬各有美景，晨午晚夜情趣各异，早在清代，"潭柘十景"就已经名扬京华。

潭柘寺十景

潭柘寺十景分为平原红叶、九龙戏珠、千峰拱翠、万壑堆云、殿阁南薰、御亭流杯、雄峰捧日、层峦架月、锦屏雪浪、飞泉夜雨。

柘树

柘树高达8米，树皮淡灰色幼枝有细毛，后脱落，有硬刺，叶卵形或倒卵形，顶端锐或渐尖，基部楔形或圆形，全缘或3裂，幼时两面有毛，老时仅背面沿主脉上有细毛，花期6月，果期9至10月，落叶灌木或小乔木。

殿阁南薰

烟云氤氲，整座寺院香烟缭绕，每座殿堂前的铁焚炉、铜香炉内，成炷成把的高香燃尽一层又一层，烟雾升腾，弥漫全寺。游人至此，仿佛置身于西天佛国的祥云慈雾之中，颇有一种出凡入圣之感。

图书在版编目（CIP）数据

园林 ／ 关锡汉编著． —— 长春 ：吉林出版集团股份有限公司，2013.1
（中华优秀传统艺术丛书）
ISBN 978-7-5534-1380-8

Ⅰ．①园… Ⅱ．①关… Ⅲ．①园林艺术－中国 Ⅳ.①TU986.62

中国版本图书馆CIP数据核字(2012)第316575号

园林
YUAN LIN

编　　著	关锡汉	
策　　划	刘　野	
责任编辑	林　丽	
封面设计	隋　超	
开　　本	680mm×940mm　1/16	
字　　数	42千	
印　　张	8	
版　　次	2013年1月第1版	
印　　次	2018年5月第3次印刷	

出　　版	吉林出版集团股份有限公司
发　　行	吉林出版集团股份有限公司
地　　址	长春市人民大街4646号
	邮编：130021
电　　话	总编办：0431-85618719
	发行科：0431-85618720
邮　　箱	SXWH00110@163.com
印　　刷	湖北金海印务有限公司

书　　号	ISBN978-7-5534-1380-8
定　　价	25.80元